社区开展防震减灾志愿工作指南

《社区开展防震减灾志愿工作指南》编委会　编著

地震出版社

图书在版编目（CIP）数据

社区开展防震减灾志愿工作指南 /《社区开展防震减灾
志愿工作指南》编委会编著 .— 北京：地震出版社，2016.11
ISBN 978-7-5028-4721-0

Ⅰ . ①社… Ⅱ . ①社… Ⅲ . ①防震减灾—指南
Ⅳ . ① P315. 9-62

中国版本图书馆 CIP 数据核字 (2016) 第 254283 号

地震版 XM3738

社区开展防震减灾志愿工作指南

《社区开展防震减灾志愿工作指南》编委会 编著
责任编辑：范静泊
责任校对：凌 樱

出版发行：地震出版社
　　　　　北京市海淀区民族大学南路 9 号　　　　邮编：100081
　　　　　发行部：68423031 68467993　　　　传真：88421706
　　　　　门市部：68467991　　　　　　　　　传真：68467991
　　　　　总编室：68462709 68423029　　　　传真：68455221
　　　　　市场图书事业部：68721982
　　　　　E-mail：seis@mailbox.rol.cn.net
　　　　　http://www.dzpress.com.cn

经销：全国各地新华书店
印刷：北京鑫丰华彩印有限公司

版 (印) 次：2016 年 11 月第一版　　2016 年 11 月第一次印刷
开本：700×1000　　1/16
字数：181 千字
印张：15. 5
书号：ISBN 978-7-5028-4721-0/P(5417)
定价：40. 00 元

前 言

进入 21 世纪以来，志愿服务及其蕴含的高尚精神得到越来越多人的认同，我国参与志愿服务的人越来越多，志愿服务领域越来越广，志愿服务已经成为推动社会全面发展的重要手段，成为社会文明进步的重要标志。

2003 年，团中央青年志愿者工作部正式挂牌；2006 年 12 月，团中央颁行《中国注册志愿者管理办法》，推动了各个领域志愿服务工作的蓬勃发展。

同时，中央高层也越来越重视志愿服务工作。党的十六届六中全会通过的《中共中央关于构建社会主义和谐社会若干重大问题的决定》提出："以相互关爱、服务社会为主题，深入开展城乡社会志愿服务活动，建立与政府服务、市场服务相衔接的社会志愿服务体系"；《中华人民共和国国民经济和社会发展第十一个五年规划纲要》强调："支持志愿服务活动并实现制度化"；党的十七大报告中要求："要完善社会志愿服务体系"；党的十八届三中全会专门作出"支持和发展志愿服务组织"的决策部署。这些决定，对推动志愿服务健康持续深入开展产生了积极的影响。

近年来，防震减灾志愿者队伍建设工作也受到越来越多的社会各界人士的关注。这与地震的多发性和危害性及防震减灾工作的性质是分不开的。地震是人类共同面对的敌人。人类无法控制地震的发生，但通过有效措施，可以把地震灾害损失降到最低。防震减灾工作是为防御和减轻地震灾害而进行的一系列活动。这项工作除具有很强的任务性、探索性和社会性外，还具有很强的地方性和群众性。因此，《中华人民共和国防震减灾法》明确规定："任何单位和个人都有依法参加防震减灾活动的义务。……国家鼓励、引导志愿者参加防震减灾活动。"这是我国几十年防震减灾工作实践中得出的宝贵经验。

目前，全国绝大多数省市都在防震减灾志愿者队伍建设工作方面进行了积极尝试，并取得了一定的成绩，同时也发现了一些问题。其中一个非常突出的问题，就是缺乏具有专业性和实用性的工作指南和系统的参考资料，这在一定程度上限制了相关工作的开展。

为满足社会的迫切需要，经过广泛调研和论证，我们组织专家学者编写了《社区开展防震减灾志愿工作指南》一书。该书深入浅出地介绍了防震减灾志愿工作所涉及的基本知识和常用技能，理论和实践并重，特别强调可读性、通俗性和可操作性。既是广大地震工作者、防震减灾志愿者日常工作的实用指南，也是一本适合所有人阅读的科普读物。

目 录

为什么要开展防震减灾志愿工作 ························001
◇ 什么是志愿者和志愿精神 ······················003
◇ 志愿服务是现代社会一种普遍的社会服务活动 ·······006
◇ 非政府组织在防震减灾工作中的作用是不可或缺的·······009
◇ 依法推进防震减灾志愿者队伍的建设和发展 ·········013
◇ 志愿者组织在震后救援过程中发挥了重要作用 ·······016
◇ 防震减灾志愿者具有多方面的功能 ···············019
◇ 防震减灾志愿者的主要工作内容 ·················023
◇ 防震减灾志愿者的基本权利和义务 ···············025

防震减灾志愿者队伍的建设与管理 ··············029
◇ 科学发展和管理志愿服务组织 ···················031
◇ 为志愿服务组织开展工作提供条件 ···············036
◇ 大力推进防震减灾志愿者队伍建设 ···············040
◇ 防震减灾志愿者队伍建设中存在的问题 ···········042
◇ 从政策方面加强防震减灾志愿者队伍建设 ·········045
◇ 社区如何成立自己的防震减灾志愿者队伍 ·········049
◇ 对志愿者的培训管理在全球备受重视 ·············054
◇ 积极有效的开展对防震减灾志愿者的培训 ·········056
◇ 防震减灾志愿者如何富有成效地开展活动 ·········058

向志愿者普及基本的防震减灾知识 ……………… 063

◇ 地震是地球上经常发生的自然现象 ………………… 065

◇ 地震究竟是怎么回事 ……………………………… 066

◇ 大陆漂移和板块构造说 …………………………… 069

◇ 防震减灾志愿者应掌握的几个基本概念 …………… 072

◇ 根据成因区分常见的地震类型 …………………… 076

◇ 地震不同于其他自然灾害的独特性 ……………… 079

◇ 20 世纪以来发生在中国的部分大地震 …………… 084

◇ 为什么中国的地震灾害特别严重 ………………… 087

◇ 破坏性地震通常会引起哪些灾害 ………………… 089

◇ 影响地震破坏程度的主要因素有哪些 …………… 092

◇ 为什么说断层是影响地质灾害分布的重要因素 … 094

◇ 建筑地震灾害是引起伤亡和经济损失的主要原因 … 097

◇ 树立防灾意识、加强抗震设防是非常重要的 …… 103

◇ 地震预测预报的主要依据是地震前兆 …………… 106

◇ 应用地震速报与预警系统是重要减灾方向之一 … 109

◇ 人类对抗地震等自然灾害的主要措施 …………… 112

◇ 政府及有关职能部门地震发生前的应急准备工作 … 115

◇ 家庭和个人地震发生前应做什么防备 …………… 117

◇ 防震减灾志愿者掌握的防震避震常识 …………… 120

结合实际，培训志愿者的日常工作技能 ……… 123

◇ 防震减灾志愿者应具备的基本能力和素质 ……… 125

◇ 防震减灾志愿者应了解的常见地震宏观异常 …… 130

◇ 与地震无关的宏观异常现象有哪些特点 ………… 133

◇ 科学识别可能的地震宏观异常 …………………… 135

◇ 协助乡镇、街道或社区做好避震疏散工作 ⋯⋯⋯⋯ 138

◇ 根据三类基本标志性现象程度评定地震烈度 ⋯⋯⋯ 140

◇ 广泛开展防震减灾社会动员工作 ⋯⋯⋯⋯⋯⋯⋯⋯ 142

◇ 把握关键环节, 做好防震减灾宣传活动 ⋯⋯⋯⋯⋯ 145

◇ 精心策划防震减灾宣传活动方案 ⋯⋯⋯⋯⋯⋯⋯⋯ 148

◇ 科学组织和安排地震应急演练活动 ⋯⋯⋯⋯⋯⋯⋯ 150

提高志愿者应急救援知识和能力 ⋯⋯⋯⋯⋯⋯⋯⋯⋯ 155

◇ 建立完善的应急救援体系是防震减灾工作的

　 重要内容 ⋯⋯⋯⋯⋯⋯⋯⋯⋯⋯⋯⋯⋯⋯⋯⋯⋯⋯ 157

◇ 地震灾害在分级和分级响应方面的规定 ⋯⋯⋯⋯⋯ 160

◇ 地震灾害紧急救援队伍的基本组成 ⋯⋯⋯⋯⋯⋯⋯ 162

◇ 志愿者参加地震灾害紧急救援行动的基本程序 ⋯⋯ 164

◇ 防震减灾志愿者是连接自救、互救和公救的重要纽带 ⋯ 166

◇ 掌握震后抢险救灾的科学方法和技巧 ⋯⋯⋯⋯⋯⋯ 168

◇ 震后实施救援应采取的策略和步骤 ⋯⋯⋯⋯⋯⋯⋯ 171

◇ 防震减灾志愿者应了解和掌握的搜索方法 ⋯⋯⋯⋯ 174

◇ 实施"科学救援", 确保"双安全" ⋯⋯⋯⋯⋯⋯⋯ 178

◇ 志愿者必须掌握的实用营救技术 ⋯⋯⋯⋯⋯⋯⋯⋯ 183

◇ 地震应急救援方法和工作程序 ⋯⋯⋯⋯⋯⋯⋯⋯⋯ 188

◇ 社区志愿者如何开展地震应急救援行动 ⋯⋯⋯⋯⋯ 190

◇ 赴地震灾区志愿者的装备准备和活动规则 ⋯⋯⋯⋯ 192

◇ 妥善管理地震救援装备物资 ⋯⋯⋯⋯⋯⋯⋯⋯⋯⋯ 195

培训志愿者应掌握关键的医疗救护知识 ⋯⋯⋯⋯⋯ 199

◇ 志愿者应了解的现场急救基本要求和原则 ⋯⋯⋯⋯ 201

◇对获救伤员进行常规处置 …………………………………… 202

◇心肺复苏是志愿者必备的一项现场急救技能 …………… 204

◇实施心肺复苏的基本方法和注意事项 …………………… 206

◇根据出血的类型采取科学的止血方法 …………………… 211

◇外伤现场应急处理常用的包扎方法 ……………………… 216

◇加压包扎止血方法 ………………………………………… 220

◇如何安全合理地使用止血带 ……………………………… 222

◇如何对骨折伤员进行安全快速的现场急救 …………… 224

◇如何使用器材转移伤员 …………………………………… 226

◇如何临时徒手转移伤员 …………………………………… 230

◇志愿者应急时为灾后幸存者提供心理援助和心理干预 ……… 233

◇如何进行地震后急性期的心理干预 …………………… 237

为什么要开展防震减灾志愿工作

　　志愿服务已经成为推动社会全面发展的重要手段，成为社会文明进步的重要标志。多年的实践充分证明，加强群测群防工作，让全社会的人都参与防震减灾工作，对减轻地震灾害方面损失具有重要意义。因此，《中华人民共和国防震减灾法》明确规定："任何单位和个人都有依法参加防震减灾活动的义务。……国家鼓励、引导志愿者参加防震减灾活动。"

◇什么是志愿者和志愿精神

志愿者（英文 Volunteer），联合国将其定义为"不以利益、金钱、扬名为目的，而是为了近邻乃至世界进行贡献的活动者"，指在不为任何物质报酬的情况下，能够主动承担社会责任，奉献个人的时间及精神的人。

根据中国的具体情况来说，志愿者是这样定义的：自愿参加相关团体组织，在自身条件许可的情况下，在不谋求任何物质、金钱及相关利益回报的前提下，合理运用社会现有的资源，志愿奉献个人可以奉献的东西，为帮助有一定需要的人士，开展力所能及的、切合实际的，具有一定专业性、技能性、爱心性（长期性）服务活动的人。

每个人都有参与社会事务的权利和促进社会进步的能力，同样，每个人都有促进社会繁荣进步的义务及责任。而参与志愿工作是表达这种"权利"及"义务"的积极和有效的形式。志愿服务个人化、人性化的特征，可以有效地拉近人与人之间心灵的距离，减少疏远感，对缓解社会矛盾、促进社会稳定有一定的积极作用。

志愿服务在不同文化和政治背景下有不同的含义，但从全球范围内来看，志愿服务具有以下几个共同特征：从动机上来说，志愿服务是不为报酬的；从行动上来说，志愿服务必须是自愿的；从结果上来看，志愿服务必须是利他的。

志愿服务的精神概括起来是：奉献、友爱、互助、进步。联合国前秘书长科菲·安南在"2001国际志愿者年"启动仪式上的讲话中指出："志愿精神的核心是服务、团结的理想和共同使这个世界变得更加美好的信念。从这个意义上说，志愿精神是联合国精神的最终体现。"

奉献精神是高尚的，是志愿服务精神的精髓。志愿者在不计报酬、不求名利、不要特权的情况下参与推动人类发展、促进社会的活动，体现着高尚的奉献精神。

志愿服务精神提倡志愿者欣赏他人、与人为善、有爱无碍、平等尊重，这便是友爱精神。志愿者之爱跨越了国界、职业和贫富差距，是没有文化差异，没有民族之分，没有收入高低的平等之爱，它让社会充满阳光般的温暖。如无国界医生，他们不分种族、政治及宗教信仰，为受天灾、人祸及战火影响的受害者提供人道援助，他们奉献的是超国界之爱。

志愿服务包含着深刻的互助精神，它提倡"互相帮助、助人自助"。志愿者凭借自己的双手、头脑、知识、爱心开展各种志愿服务活动，帮助那些处于困难和危机中的人们。志愿服务者以"互助"精神唤醒了许多人内心的仁爱和慈善，使他们付出所余，持之以恒地真心奉献。"助人自助"帮助人们走出困境，自强自立，重返生活舞台。受助者获得生活的能力后，也会投入到关心他人、帮助他人、为社会做贡献的志愿活动中，这些志愿活动都涵盖着深刻的"互助"精神。

进步精神是志愿服务精神的重要组成部分，志愿者通过参与志愿服务，使自己的能力得到提高，同时促进了社会的进步。在志愿活动中无处不体现着"进步"的精神，正是这一精神使人们甘心付出，追求社会和谐之境的实现。

目前，我国构建了富有活力的"一个统筹＋两方协调＋三大力量"的志愿服务新格局。

一个统筹：全国各地明确和落实文明委统筹领导志愿服务事业发展。

两方协调：在文明委统筹领导下，共青团和民政系统积极做好志愿服务发展的协调组织工作。团委配合和参与文明委成立"志愿服务联合会"、"志愿服务基金会"，建设"志愿者注册管理系统"等，主动为志愿服务提供智力支持和资源支持。民政部门配合文明委开展志愿服务保障政策的制定，促进"社工＋志愿者"联动机制建设，推进志愿服务专业化发展。

三大力量：在文明委统筹支持下，通过团委和民政的协调推动，全国各地出现"党政机关、工商企业、民间组织"三方积极发展志愿服务团队。党政机关鼓励党员干部特别是领导干部回归生活的社区、农村参与服务，在群众中体现"好居民、好志愿者、好党员"的"三好"形象。工商企业鼓励员工参与志愿服务。民间组织积极组建志愿服务团队，通过开展志愿服务树立良好的社会形象。

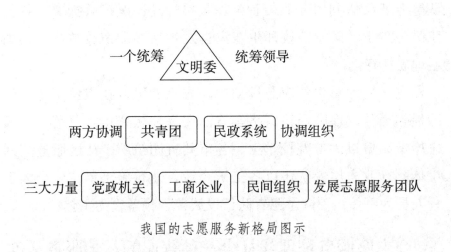

我国的志愿服务新格局图示

目前，志愿者主要存在两类，一是招募型志愿者，二是自发型志愿者。

根据志愿者的救援能力、人员性质，可将其划分为：一般志愿者、行业志愿者和特殊志愿者。这三类志愿者的作用和人员组成是有一定差别的。

一般志愿者指在救援行动中从事常规协助工作的志愿人员；行业志愿者指具有某些专业特长并配备专业装备，可以在救灾过程中承担某些专项任务的志愿人员；特殊志愿者指预备役部队、民兵等介于专业救援队伍和志愿者之间的救援人员。

根据对地震灾害后救援情况的分析，一般志愿者可以在伤员急救与转移、急救物资运输与发放、协助专业救援队实施搜救行动、维持灾区社会秩序等方面发挥巨大的作用。行业志愿者可以分为交通运输侦查类，执行山路越野、水域等复杂地区侦查搜救等行动以及救灾物资运输等；通讯类，在常规通讯设施毁损、卫星信号无法保障时，保障无线电、电台、其他通讯手段的信息传送；协助救援行动类，建筑工程队伍、矿山救护队等专业队伍利用专业装备参加救援行动；医疗救护类，各医院医生护士、医学院校师生在灾害发生后参加伤员救护和灾民心理安抚行动。

在一般地震事件应急行动中，志愿者可以在舆论疏导、消除地震谣传、保障通讯联络等方面发挥积极作用。目前，一般志愿者队伍以大专院校学生、各市共青团组织、社区服务队为主体；行业志愿者队伍以各工矿企业、建筑施工单位、个体工程人员为主体；部队志愿者队伍以武警、预备役为主体。

◇志愿服务是现代社会一种普遍的社会服务活动

志愿服务是一项崇高的社会事业，是人们不为报酬而对社会与他人做出的奉献，是现代社会一种普遍的社会服务活动。在人类自觉精神和建立美好社会愿景的推动下，志愿服务随着社会的发展而蓬勃发展起来。

目前在各国的应急救援行动中，大量的志愿者参与其中，已成为应对危机的一支重要辅助力量，参与应急救援工作也成为志愿者组织一项越来越重要的新功能。

志愿服务有着深厚的文化积淀和历史渊源。从历史看，在人类几大文明体系中，倡爱扬善、助人为乐是共同的主题。我国作为四大文明古国之一，传统文化包含着很多与志愿精神相通的思想，深深植根于中国人的道德体系和价值观当中。无论是儒家的"仁者爱人、为仁由己"，佛教的"慈悲普渡、利他济世"，道教的"上善若水、积德行善"，墨家的"兼爱非攻尚贤"，还是王阳明心学的"致良知、知行合一"，这些朴素的助人、济人、利人、惠人思想，同志愿精神是相一致的。

中国特色志愿服务理论体系中涉及的概念、观点非常多，其中最关键的是"为人民服务"、"友爱奉献"、"助人自助"、"公平正义"等理念的融合。我们应通过梳理和建构，创造具有坚实基础的志愿服务理论体系。

中国共产党的宗旨有很多的解释和说明，但是从党员干部到普通群众，最先想到的就是"为人民服务"。当"为人民服务"体现在党团员志愿者及各类志愿者的业余时间服务行为之中时，它就是志愿精神的核心。所以，党的"为人民服务"的宗旨与志愿者为人民奉献和服务的宗旨密切相关，"为人民服务"成为中国社会发展新时期志愿服务理论的重要指导。

改革开放初期，新一代中国人从港澳地区及外国引入新型的志愿服务观念，把欧美一些国家使用的"博爱奉献"，改造为"友爱奉献"。"友爱"倡导人与人之间的友善相处、互相爱戴；"奉献"倡导人们在追求个人利益的时候，也应乐意为公共利益和他人幸福提供一定的服务和帮助。通过比较发现，中国与外国的国情不同，因而在产生志愿服务理念的时候也有所区别。西方国家志愿服务强调"博爱、泛爱"；中国志愿服务强调"奉献、助人"。因此，中国志愿者的探索和实践，也丰富了世界的志愿服务理念与观点。

各国在志愿服务专业化发展的过程中，借鉴了社会工作诞生和发展以来所形成的"助人自助"理念，强调在帮助他人解决困难、改善生活的同时，更要支持他人增强能力、自主发展。中国志愿者引进"助人自助"的理念之后，还增加了"帮助别人、快乐自己"、"帮助他人、提升自己"的含义，受到更多的欢迎。这一理念成为中国特色志愿服务理论的核心要素之一，在中国志愿服务事业发展中发挥了不可忽视的作用。

公平正义是国际社会倡导的普遍观念，也是联合国志愿人员组织推广的观念，即志愿者要参与建设一个"人人享有公正、人人平等发展"的社会。中国加快社会建设、创新社会治理的进程，与国际建设公平正义社会的追求相一致，成为志愿服务的新方向、新趋势。中国志愿者的服务，不仅仅是帮助一个个具体的对象，不仅仅是完成一个个具体的项目，而且还要在行动中倡导和传播公平正义的观念，让社会各个阶层、各个领域形成充分尊重每一个人的生存与发展权利的环境，充分创造每一个人生活与发展的条件，特别是为青少年创造成长与成功的机遇。

伴随着中国特色社会主义历史进程，我国志愿服务事业快速发展，志愿服务组织不断涌现，对促进志愿服务活动广泛开展、推进精神文明建设、推动社会治理创新、维护社会和谐稳定发挥了重要作用。

进入 21 世纪以来，志愿服务及其蕴含的高尚精神得到越来越多人的认同，我国参与志愿服务的人越来越多，志愿服务领域越来越广，志愿服务已经成为推动社会全面发展的重要手段，成为社会文明进步的重要标志。同时，我国志愿服务组织在总体上还存在着数量不足、能力不强、发展环境有待优化等问题。

◇非政府组织在防震减灾工作中的作用是不可或缺的

关于非政府组织（Non-governmental Organizations）的概念，国际上有不同的提法，如：有的称之为"非营利组织"（Non-profit Organizations），也有的称之为第三部门（The Third Sector），还有的称之为"志愿组织"（Voluntary Organizations）、"公益组织"（Philanthropic Organizations）等等，总计不下 20 种。而在中国，有不少学者则愿意称之为"民间组织"、"非营利组织"等。近年来，也有人称之为"社会组织"。这一提法反映了中国对非政府组织的认识、研究、评价正随着时代与历史的变化也处在不断调整、不断深化的过程中。一般认为，各类志愿者组织、慈善协会、社会团体、行业协会、社区组织等社会组织，都被看作是比较典型的非政府组织。非政府组织，也被称为"非营利组织"、"非营利部门"或"第三部门"。目前在世界几乎所有的国家里，都存在着形式多样的非政府组织。

进入 21 世纪以来，自然灾害频频发生，严重影响着人类安全和社会稳定，如何有效应对灾害以及危害后的重建，已成为建设和谐社会的重要课题。在灾害救援和灾后社会重建中，政府责无旁贷，必然要扮演主角，起主导作用。但现代政府是有限政府，难以高效全面治理灾害和灾后重建；而企业以赢利为优先目标，不会过多参与灾害救援和灾后重建。"政府失灵"和"市场失灵"的问题同时存在，为非政府组织的介入提供了契机。

例如，2008年5月12日四川省汶川发生8.0级特大地震，2010年4月14日青海省玉树发生7.1级地震。灾害发生后，各类非政府组织在最短的时间内快速集结，第一时间对被困人员进行施救。他们通过亲身去灾区调查灾民最急需什么物资，并通过博客、微博和建立网站等方式向政府和社会发布这些消息，为政府的救援提供了有针对性的依据，使政府的救援工作更有效、更有针对性。这也进一步促进了人们对传统救灾模式的反思。

1949年后，新中国在救灾领域建立了一套以政府为主体的救灾模式。这套模式的形成，有其历史和现实的必然性。首先，它是由中国的特殊国情决定的。长期的封建社会历史导致人们形成了严重的依赖观念，通俗地讲就是"有事找政府"的观念。其次，自中国存在政府以来，救灾工作从来就是政府的事情。长期的政府救灾实践一方面为新中国救灾模式的确立提供了些许经验，另一方面，巨大的历史惯性也使得这种模式得以在新中国成立后继续存在。再次，在大的自然灾害面前，需要迅速的、强有力的国家动员，中国政府的"政治动员"模式在最危急的时刻便会显示出其巨大的优越性，能够在最短的时间内整合最多的人力、物力应对自然灾害带来的危机。在这种体制下，政府具有"全职管家"的角色，在灾害管理工作中大包大揽，非常不利于动员社会成员参与救灾工作，这在现代社会的实践中被证明已经无法持续，必须尽快做出改变。

从国际上许多国家的志愿服务活动经验来看，由于这些国家志愿服务活动起步早、规模大，所以在国内有广泛的群众基础和良好的社会声誉，已逐渐步入组织化、规范化和系统化的轨道，形成了一套比较完整的运作机制和国际惯例，而且，志愿服务所产生的突出的社会效益也越来越多地受到各国政府和社会的重视。

近年来，我国非政府组织发展迅速，已经开始活跃在社会生活的各个层面，为社会提供着多种多样的公共服务和公共产品。

根据有关学者的研究表明，我国非政府组织存在的主要领域为：社会服务，调查、研究，行业协会、学会，文化、艺术，法律咨询与服务，政策咨询，扶贫，防灾、救灾等，其中防灾救灾协会占 11.27%。在防震减灾领域中，主要涉及的非政府组织是红十字基金会、慈善协会、地震学会、各级群测群防组织和社区志愿者救援队等。实践证明，这些组织在防震减灾工作中的作用是不可或缺的。

（1）非政府组织可为震害预测、预警提供可靠依据

根据志愿者等非政府组织遍布基层、分布广，而且熟悉当地情况，所以自身信息功能强，能够在地震灾害潜伏时期，大量收集相关信息，为政府震灾预测、预警提供可靠依据，起到未雨绸缪的作用。事实证明，我国很多中强地震前的大量宏观异常现象，都是由群众进行收集和报送的。例如，1976 年云南龙陵 7.3、7.4 级地震、1994 年台湾海峡 7.3 级地震、1997 年黄海 5.1 级地震、1998 年云南宁蒗 6.2 级地震，1999 年台湾 7.6 级地震、1999 年辽宁海城—岫岩 5.6 级地震和 2000 年云南姚安 6.5 级地震。

（2）非政府组织可弥补专业应急力量的不足

在应对突发性的破坏性地震时，政府专业应急管理部门与

专业人员是最主要的力量。但政府不可能也没有能力包揽所有的应急事务，这就需要与各种社会力量相互配合和协作，共同开展抗震救灾工作。

在这方面，非政府组织具有重要作用和明显的优势。首先，非政府组织可以协助政府开展抢险救灾工作，弥补专业应急力量的不足。其次，非政府组织大多是依托基层社区或特定群体组成，对所在区域内的具体情况较为熟悉，可以为专业应急救援人员提供救援必备的相关信息，并组织现场引导、人员疏散，为灾民提供心理抚慰、宣传解释等帮助。最后，非政府组织的参与，可降低政府提供应急公共服务的成本。地震部门和专业救援队伍的人员和经费是完全靠财政供给。如果过多地设置机构和专业人员，会大大增加行政运行成本。而非政府组织则属于志愿性、公益性组织，平时并不需要财政供养，只要加以资源整合、培训演练，就可以成为一支成本低、平灾结合的专业性应急力量，减少应急资源闲置和政府成本。

（3）非政府组织能在第一时间采取有效的救援行动

破坏性地震发生后，在第一时间进行抢救救助的效果最为有效。地震后72小时内，是抢救生命最佳时段，错过这一时间，抢救效果将呈几何级递减，损失也随之扩大。在实践中，政府专业救援人员即使快速反应，也需要一段时间。而救援组织，尤其是国际救援组织的工作量也主要是体现在后期的医疗救护。在黄金抢救期内，主要依靠邻居、志愿者和社区的自救互救。同时由于灾区到处都有房屋倒塌、人员伤亡，这时专业救援难免会顾此而失彼，而由社区组织、自愿者组织进行的自救互救，就显得尤为珍贵。

（4）非政府组织进行防震减灾宣传教育具有一定的优势

防震减灾知识的传播普及，是提高社会应急能力、减轻灾害损失的关键因素。在这方面，非政府组织有自己的渠道和优势。首先，非政府组织作为跨部门、跨行业的组织，都有自己的联系网络和信息通道，通过各自的社会活动可以迅速将有关的知识和灾害信息传播给各自的成员。其次，非政府组织扎根于社会基层、扎根于某些特定人群、扎根于所在社区，其所组织的防灾宣传教育大多简便易行、因地制宜、贴近实际。

（5）非政府组织在震后恢复重建工作中发挥积极作用

志愿者能协助社区做好地震灾区的恢复重建工作。在灾区的恢复重建中，志愿者宣传并开发推广既科学合理、经济适用，又能够达到抗震设防要求的民居建设工程和施工技术，并进行技术指导和服务。志愿者还可以协助有关部门，及时为社区居民提供生活日常和急需物品，保障居民的日常生活，尽快使社区居民恢复正常的生活和工作秩序。

在物资发放工作中，志愿者比政府更细致。大量的救灾物资到达后，镇政府会以户籍为依据，以村为单位分发，所有灾民的标准都是统一的。而志愿者会根据灾民需求，照顾到一些政府未顾及的特殊需求，比如妇女卫生用品、花露水、奶粉等。

◇依法推进防震减灾志愿者队伍的建设和发展

当前，防震减灾已成为国家公共安全的重要组成部分。保护人民生命和财产安全、维护社会稳定、减轻地震灾害损失，是防震减灾工作的宗旨，体现了以人为本、落实科学发展观、建设和谐社会的必然要求。作为一项重要的社会系统工程，要实现最大限度地减轻地震灾害所造成的损失，防震减灾工作必须依靠科技、依靠法制、依靠全社会的共同参与，组建防震减灾志愿者队伍正是满足依靠全社会参与的重要举措之一。

在突如其来的灾难面前，包括政府在内的任何单一公共组织的力量总是有限的，它无法单独满足应对灾难的所有需求。因此，有效地整合社会资源，充分发挥各种社会力量的能动性，是对紧急状态下专业应急救援队伍的及时补充，志愿者和志愿者组织就起到这样的作用。我国在 2007 年印发的《国家综合减灾十一五规划》中就已经提出，要在 85% 的城乡社区建立减灾救灾志愿者队伍；研究制订减灾志愿服务的指导意见，全面提高减灾志愿者的减灾知识和技能，促进减灾志愿者队伍的发展和壮大。

党的十六届六中全会通过的《中共中央关于构建社会主义和谐社会若干重大问题的决定》提出："以相互关爱、服务社会为主题，深入开展城乡社会志愿服务活动，建立与政府服务、市场服务相衔接的社会志愿服务体系"。《中华人民共和国国民经济和社会发展第十一个五年规划纲要》提出："支持志愿服务活动并实现制度化"。党的十七大报告中明确提出："要完善社会志愿服务体系"。这些要求使我国很多地方把志愿服务工作放在党政大局和经济社会发展全局当中考虑、把握，极大促进了志愿者队伍和志愿服务工作的发展。

目前，我国的相关法律法规已明确提出要建立、健全防震减灾志愿者队伍。例如，《中华人民共和国突发事件应对法》第二十六条规定："县级以上人民政府及其有关部门可以建立由成年志愿者组成的应急救援队伍"。《国务院关于全面加强应急管理工作的意见》（国发〔2006〕24 号）提出要求："研究制订动员和鼓励志愿者参与应急救援工作的办法，加强对志愿者队伍的招募、组织和培训"。

新修订的《中华人民共和国防震减灾法》（2009 年 5 月 1 日起施行）第八条规定："任何单位和个人都有开展防震减灾活动的义务。国家鼓励、引导社会组织和个人开展地震群测群防活动，对地震进行监测和预报。国家鼓励、引导志愿者参加防震减灾活动"。第五十六条规定："县级以上地方人民政府及其有关部门可以建立地震灾害救援志愿者队伍，并组织开展地震应急救援知识培训和演练，使志愿者掌握必要的地震应急救援技能，增强地震灾害应急救援能力"。

近些年来，我国防震减灾志愿者队伍蓬勃发展，通过青年志愿者等有组织的行动，壮大社会救援力量，达到最大限度地减轻地震灾害的目的。其中既有组织团体的志愿者，也有个体志愿者；既有工人、农民，也有商人、学生；既有科技工作者，也有医疗工作者，他们在地震科普知识宣传、地震前兆观测、应急救援等工作中能够各尽其能，发挥显著的作用。防震减灾志愿者队伍的建立和发展，扩大了防震减灾工作在全社会的影响，拓展了地震群测群防工作的内容。

防震减灾志愿者队伍是防震减灾队伍、尤其是专业救灾力量的补充，有利于最大限度地发挥减灾救灾能力。该队伍依靠社区基层组织和群众自我管理和运转，具备一定的专业知识和技能，配备一定的装备，志愿者是业余或兼职的。

广大社会公众关注地震应急与救援，地震灾区的社会公众是地震应急与救援的直接对象，社会公众又是地震应急与救援工作的重要组成部分。在地震灾害现场，地震应急与救援工作的第一个行动就是自救互救，现场的社会公众直接参与。实践告诉我们，大规模灾难中的生命抢救主要是靠自救互救完成的。

即使专业现场工作队和紧急救援队到达现场实施应急与救援工作，也离不开灾区公众的支持和帮助。

一般地震发生后，80%—90%的幸存者都是通过自救互救及被现场的志愿者救出的。

据 1976 年 7 月 28 日唐山地震研究，震后有数 10 万灾民埋在废墟中，充分利用 24 小时黄金时间及时抢救，使绝大多数灾民获救，震后 1 小时内救活率高达 99%，震后一天内的救活率高达 80%，第二天内救活率高达 53%，第三天救活率 37%，第五天救活率仅仅 7%。因此，地震紧急救援是分秒必争的工作。制定完善紧急救援预案，根据地震紧急救援工作的需要，争取本地党委、政府的支持，建立地（市）政府的地震紧急救援队伍和不同级别的地方地震紧急救援志愿者队伍，是一件非常迫切而有意义的工作。

◇志愿者组织在震后救援过程中发挥了重要作用

我国现代地震工作始于 1966 年河北邢台地震。经过 40 多年的发展，我国防震减灾工作体系逐步完善，形成了"监测预报、震灾预防、应急救援"三大体系的发展战略布局，确立了"突出重点、全面防御，健全体系、强化管理，社会参与、共同抵御"的三大战略要求。

2008 年 5 月 12 日，汶川发生 8.0 级地震造成巨大的人员伤亡和财产损失，这是新中国成立以来破坏性最强、涉及范围最广、救灾难度最大的一次地震灾害，也对我国防震减灾工作带来了深远的影响。

在汶川地震救援的过程中志愿者组织发挥了特别重要的作用，形成了政府主导，全社会参与的局面。

汶川"5·12"大地震发生以后，身处震中的共青团汶川县委成立4个救助站、5个志愿者服务点，安抚惊慌的群众，平息混乱的局面，并马上组织年轻人协助县医院的医务人员抢救药品，转移伤员，为数万名灾区群众提供了及时有效的援助。地震发生的第二天，即2008年5月13日，共青团汶川县委就组建了"汶川县抗震救灾青年突击队"，并迅速成立志愿者服务指挥办公室，先后设立雁门救助志愿服务站、绵池救助志愿服务站、威州城区救助志愿服务站、民政局救助志愿服务站。截至5月21日，4个救助站共救助灾民2万多人次，发放物资数百吨，有力地配合了汶川县抗震救灾指挥部开展工作。共青团汶川县委组建的青年突击队巡回车志愿者服务点，负责到灾区各个乡镇搜救生还者，以及对公路沿线灾民和各种情况的处置；桑坪游客疏散志愿服务点，负责协助县抗震救灾指挥部疏散游客，让外来游客尽快平安返家；车站维护秩序志愿者服务点，负责协助县抗震救灾指挥部帮助外地务工人员能够早日平安回家；德惠超市物资发放点，负责协助县抗震救灾指挥部，在最短的时间内，把各种救灾物资有序地发放到灾民手中。另外，还成立了流浪人群收容所，负责解决流离失所的群众的食宿。

地震发生后，中国青年志愿者协会要求各级志愿者组织迅速行动起来，动员和组织广大青年志愿者以及社会公众以志愿服务形式投身抗震救灾工作。上海市青年志愿者协会公开招募具有医疗、护理、疾控等相关专业知识的抗震救灾青年志愿者服务队（预备队）队员奔赴抗震救灾一线提供志愿服务。辽宁省青年志愿者协会面向全省公开招募医疗行业的青年医生、青年医疗工作者志愿者，组建抗震救灾青年医疗志愿服务预备队。山西省青年志愿者协会面向社会公开招募志愿者开展抗震减灾

"黄丝带行动"……在 2008 年汶川大地震发生后，应急救援工作从中央到地方政令畅通、步调一致。动员和组织各方力量，形成强大合力，用最短的时间调集了人民解放军、武警部队 13.9 万多人；公安、消防和特警 2.8 万多人；全国 21 个地震灾害紧急救援队 5200 多人；民兵预备役人员 7.56 万人；医疗卫生人员 9.68 万人迅速投入地震灾区救援。同时，还有 20 多万志愿者和 4 支国外救援队，从四面八方赶赴灾区参加抗震救灾。

特别值得一提的是，防震减灾志愿者几乎参加了汶川地震灾区所有类型的服务，为有效减少地震灾害可能造成的人员伤亡和财产损失做出了重要贡献。他们的工作和作用主要表现在如下几个方面：

（1）参与救援服务。在汶川地震救援中，众多的志愿者组织以其灵活的形式对震灾做出了迅速的反应，与灾区社会公众积极开展自救与互助，受灾较轻地区的民众为重灾区免费送水送饭。有的人甚至刚走出废墟，就又加入了志愿者的行列。最早进入都江堰、汶川、北川、绵竹的志愿者，及时帮助发掘被掩埋人员、帮助被救人员撤离现场，保障他们的安全。

（2）参与伤病员医治。由于大量灾区群众受伤，志愿者协助医生、护士就地包扎、简单治疗并协助送往医院。德阳市团委震后立即组织四川省警官职业学院 100 名志愿者、四川建筑职业技术学院 130 名志愿者和招募的百余名志愿者，到德阳市人民医院参加抢救治疗、分流转运、心理疏导及干预等工作。志愿者初期护理的伤病员、救助的各类伤员达到数万人。

（3）参与清理现场。救援之后清理废墟现场的工作任务非常繁重，志愿者不怕脏、累、苦，与当地群众一起迅速清理，恢复生活秩序。

（4）参与安置受灾群众，参与灾区群众文化生活服务。由于受灾群众的数量巨大，外来志愿者与当地志愿者合作，为群众搭建帐篷，派发生活用品，解决各种困难。

针对大量灾民聚集帐篷区缺乏正常工作、缺乏精神生活的状况，志愿者及时到成都购置大量书籍、玩具，供帐篷区的大人阅读、小孩玩耍，满足了其部分精神需求。

（5）参与救灾物资运送，参与整理捐款捐物。有些志愿者从所在省市购置救灾物资，随车运送到灾区，并留在当地服务。

大批志愿者参加了募捐志愿服务，许多中小学生也上街为红十字会、慈善总会、希望工程募捐，资助四川灾区的群众及学生。

（6）参与心理救助与辅导。针对灾区群众的惨痛经历，多个省市派出心理学家、心理咨询师、心理专业大学生组成的服务队。北京、河南等地志愿者组织了灾后心理援助系列活动，携手灾区人民，共建精神家园，提供咨询、辅导、沟通，产生了一定的效果。

（7）参与灾区服务需求调查研究。中国社会工作者协会志愿者委员会和广东省青年志愿者协会借鉴国际经验，派出志愿服务专家队伍，及时收集灾区群众的服务需求，为灾后志愿服务的有效开展提供科学依据。

◇防震减灾志愿者具有多方面的功能

有学者将防震减灾志愿者的功能定位概括为"四个员"：宣传员、信息员、组织员和助理员。即在平时开展防震减灾、地震应急知识科普宣传时，担当科普宣传员；在进行地震宏观异常观测活动和震时的灾情速报时，担任震情信息速报工作的信息员；地震发生后，是组织开展自救互救、人员紧急疏导的组织员；协助灾区政府和专业救援队伍开展现场救灾物资发放、平息地震谣言、安定民心等工作，做好助理员。其中，宣传员、信息员属于常态日常工作，组织员、助理员则属于非常态应急工作。

（1）普及防震减灾知识，担当科普宣传员

地震的突发性和毁灭性使其成为造成人员死亡最多的自然灾害，破坏性地震所造成的人员伤亡、经济损失和社会影响，使人们谈震色变。同时，由于地震属于小概率事件，因此，社会上盲目恐震心理以及无震麻痹思想共存或交替占主导地位。通过深入持久、富有成效的宣传教育活动，使人们警醒："宁可千日不震，不可一日不防"，使社会、政府高度重视防震减灾工作，让民众认识地震、了解地震，掌握应急避震、自救互救的技能，增强防震减灾意识，从而使全社会参与防震减灾事业，防震减灾宣传教育工作任重道远。这项工作要真正落到实处，离不开防震减灾志愿者的参与。

由于防震减灾志愿者遍及省、市、县直机关各单位、大中小学校、厂矿企业、乡镇政府，防震减灾宣传能够在各个范围大力开展。他们可采取多种形式，利用一切可以利用的机会，积极开展地震科普知识宣传教育活动，既向各级领导宣传，又向广大群众宣传，只有这样，才能逐步增强部门领导及群众的防震减灾意识和对于地震灾害的科学认识与心理承受能力，才能提高部门领导及群众防震减灾的自觉性和克服困难、战胜灾害的意志和能力，从而把发生地震可能造成的损失降到最低程度。

地震谣言是伴随着地震灾害而出现的特有现象，它不仅在一定程度的时间和空间内造成严重的公众心理异常，干扰社会的正常生活和工作秩序，而且给城镇的社会安定、经济建设带来严重影响。因此，用防震减灾法制、法规和地震科学知识规范、教育广大群众，增强其防震减灾意识，提高识别地震谣言的能力，是防震减灾工作的一项重要任务，也是防震减灾志愿者的重要职责之一。面对迅速传播的地震谣言，防震减灾志愿者在弄清事实，掌握谣言来源及其传播情况的前提下，可及时向当地政府和上级地震部门报告，同时也可以提出具有实效性的平息地震谣言的方法和建议。

（2）地震宏观异常观测活动情况和震情信息速报工作的信息员

地震是有前兆的，地震宏观异常观测是防震减灾工作的一项重要内容，也是一项重要的群测群防工作。地震宏观异常观测的内容主要有：生物异常观测、地下水异常观测、地磁异常观测、气象异常观测等。这些观测手段既丰富多样，又方便易行，是对专业台网布局和监测手段的补充，在一定程度上可以提高整体监测能力。

由于防震减灾志愿者分布广，遍布基层，土生土长，不仅熟悉当地情况、与当地政府联系密切，而且身处震区，具有专业队伍难以具备的优势和有利条件，因此，他们在地震宏观异常观测中能发挥独特的作用。

破坏性地震发生以后，地震造成的破坏有多大，有没有人员伤亡，经济损失情况，社会影响如何等等，是各级政府最为关切的问题。及时、准确地收集并上报相关信息，尤其是速报地震灾情，对各级政府抢险救灾、决策指挥具有重要的作用。

地震灾情速报是地震造成的灾害损失情况的快速上报，其内容主要包括四个内容：一是影响范围，即地震造成破坏的范围、有感范围；二是人口影响，即人员伤亡等情况；三是经济影响，即地震对一般工业与民用建筑物、生命线设施、重大工程、重要设施设备的损坏或破坏、对当地生产的影响程度以及家庭财产的损失等；四是社会影响，即地震对社会产生的综合影响，如社会组织、社会生活秩序、工作秩序、生产秩序受破坏及影响情况等。

　　地震发生时，震区或附近的防震减灾志愿者最先感知震情、灾情，他们可在不同地点对地震震情、灾情作出初步判断，并将情况及时上报。这些信息丰富而且快捷，对政府部门迅速判断地震宏观震中和灾情，并做出正确的决策，采取相应的应急措施都是极为重要和宝贵的。

　　（3）震后组织开展自救互救、人员疏散安置的组织员和助理员

　　当破坏性地震发生后，在第一时间里迅速组织自救互救是抢救生命、最大限度地减少伤亡的非常重要的手段，也是最直接、最快捷、最有效的方法之一。地震灾害现场人员伤亡严重，被埋压人员众多，情况复杂。早期救助对抢救生命、减少伤残和死亡具有关键性作用。防震减灾志愿者是抗震救灾队伍中一股重要的力量，其与官方的专业救援队相比，具有数量、行动时间及对环境的熟悉等方面的明显优势。由于熟悉当地情况且具备一定的自救互救知识，在危急时刻常常成为震区紧急救援的骨干、生力军。组织群众迅速开展有效的救援活动，挽救在死亡线上的人员生命，减少财产损失。组织人员紧急疏导，维护震区社会秩序，防止灾害扩大。邢台、唐山、通海等地震后的救灾实践证明，震后开展自救互救、组织人员紧急疏导是最直接的救援行动，是效益最明显的一种减灾行动。

破坏性地震发生后，除迅速开展应急避险防护以及抢险救援措施，减少损失，防止灾害的扩大外，还要及时安定民心，迅速恢复震区正常的生产、生活秩序。防震减灾志愿者可以有效地协助灾区政府和专业救援队伍开展现场救灾物资发放，疏散安置居民，做好震后卫生防疫，管好水源，搞好公共场所（避难场所）的环境卫生，做好药品的供应，分发工作；妥善解决群众的吃、喝、穿、住等生活急需问题。

◇防震减灾志愿者的主要工作内容

在《社区志愿者地震应急与救援工作指南》（GBT 23648-2009）中，对防震减灾志愿者的工作内容规定的比较详细和具体。这些内容，既不仅限于"社区志愿者"，也不仅限于"地震应急与救援工作"，而是适用于所有防震减灾志愿者的全部工作内容。主要包括如下几个方面：

（1）防震减灾知识宣传

防震减灾志愿者应协助社区或有关部门向居民宣传防震减灾知识，内容主要包括：地震与防震科普知识；国家有关防震减灾的方针、政策和法律、法规；国家有关的标准和技术规范；地震应急预案知识；地震灾情速报知识；应急避险、疏散与自救互救知识；地震谣言的识别知识。

（2）地震应急救援

在外部救援力量未抵达之前，防震减灾志愿者应协助社区组织居民开展自救互救，主要工作包括：组织指导居民自救互救；对被困、被压埋的幸存者实施搜索、营救和急救。

在外部救援力量抵达之后，防震减灾志愿者应协助专业救援人员开展应急救援工作。主要内容包括：充当专业救援人员的向导、翻译；帮助救援人员确定压埋人员的可能位置，安定压埋人员的情绪；清理外围环境，稳定被压埋人员家属的情绪，为专业救援人员营救创造有利条件；护理和搬运伤员。

（3）灾情搜集和速报

震后，防震减灾志愿者应协助社区开展灾情的搜集和速报工作，主要包括：人员的伤亡及分布等情况；建（构）筑物、重要设施设备的损毁情况，家庭财产损失，牲畜死伤情况；社会影响，包括群众情绪、安置状况、生活、交通与生产秩序等。

（4）次生灾害防范和处置

平时，防震减灾志愿者应协助社区做好次生灾害监测和防范工作，主要包括：调查并登记社区的次生灾害源，包括易燃易爆物品、化学危险品、有毒有害气体、放射性物质、工厂有毒有害工序等；对次生灾害源产权人或管理者进行宣传和动员，采取监测和防范措施。

震后，防震减灾志愿者应协助社区做好次生灾害处置相关工作，主要包括：对水坝、输变电、给排水、供气等生命线设施的破坏情况进行调查并报告；提醒、告知居民及时对家庭中的次生灾害源进行处置，尤其是帮助缺乏自理能力的高龄、伤残人员和由于紧急外出避难而没有关闭的燃气和电器设备进行处置。

（5）灾民疏散和安置

震后，防震减灾志愿者应协助社区疏散和安置灾民，主要工作包括：帮助灾民紧急疏散到安全地带；稳定灾民情绪，防止发生意外事故；搭建救灾帐篷；接收和分发食物、饮用水、衣物、药品等应急物品。

（6）维持社会秩序

震后，防震减灾志愿者应协助社区平息谣言，稳定并维持社会秩序，主要工作包括：了解群众的反应，上报出现的恐慌情绪及谣言情况，并向群众开展解释和宣传工作，稳定群众情绪；加强治安宣传，引导群众自觉守法；配合有关部门实施社会治安临时保障措施，对生命线设施、重要单位实施监控和保卫措施。

（7）地震宏观异常现象调查和震害调查

防震减灾志愿者震后应协助专业队伍开展地震宏观异常现象、建（构）筑物和生命线设施震害的调查。

（8）心理帮助服务

震后，社区志愿者的地震应急与救援队员应协助社区开展心理帮助服务，主要工作包括：向居民及时真实地传递震情、灾情信息和救助的动态，宣传地震知识，帮助居民释疑解惑；陪伴遇难者家属和受伤者，做专门的一对一的心理抚慰；协助心理医生或专业社会工作者举办心理保健知识讲座、开展现场心理咨询和专门的心理抚慰服务。

◇防震减灾志愿者的基本权利和义务

志愿服务是指志愿者不以物质报酬为目的，利用自己的时间、技能等资源，自愿为国家、社会和他人提供服务的行为。

凡愿意服从组织管理，遵纪守法，具有奉献精神，具有地震相关知识，具备与所参加的防震减灾服务项目及活动相适应的基本能力和身体素质，热衷公益事业的年满18周岁青年，均可申请成为防震减灾志愿者。

一般地说，防震减灾志愿者享有以下权利：

①参加防震减灾志愿服务活动；

②接受相关的防震减灾志愿服务培训；

③获得所参加防震减灾志愿服务活动的相关信息；

④获得从事防震减灾志愿服务的必需条件和必要保障；

⑤优先获得志愿者组织和其他志愿者提供的服务；

⑥对志愿服务组织的工作进行监督，对防震减灾志愿服务工作提出意见和建议；

⑦可申请取消防震减灾志愿者身份；

⑧相关法律法规及志愿者组织赋予的其它权利。

防震减灾志愿者应履行以下义务：

⑨遵守国家法律法规及志愿者组织的相关规定；

⑩遵守志愿者相关管理办法，执行防震减灾志愿者组织的工作决定，承担志愿者组织所安排的工作，每年参加志愿服务时间累计不少于一定的时间；

⑪履行志愿服务承诺，传播防震减灾志愿服务理念；

⑫维护防震减灾志愿者组织和志愿者的声誉和形象，自觉抵制任何以志愿者身份从事的赢利活动或其他违背社会公德的活动（行为）；

⑬自觉维护服务对象的合法权益，保守志愿服务对象的隐私和秘密；

⑭反映对防震减灾工作的要求和建议；

⑮地震应急期间应遵守保密原则，未经许可，不得对外传播地震信息；

⑯履行相关法律法规及志愿者组织规定的其它义务。

志愿者参加志愿服务，应通过与志愿者组织或服务对象签订服务协议书等形式，明确服务内容、时间和有关的权利、义务。

志愿者组织根据服务需求，向防震减灾志愿者发布服务信息、提供服务岗位，志愿者按照相关要求开展志愿服务和有关活动。志愿者也可按照相关规定自行开展志愿服务。提倡具有相同服务意向和志趣爱好的志愿者在志愿者组织指导下结成志愿服务团队开展服务。

防震减灾志愿者队伍的建设与管理

据不完全统计，目前我国正式登记和在社区内部成立的志愿服务组织数量已有 18 万多个，团结凝聚了超过 6600 万名志愿者，在推进精神文明建设、推动社会治理创新、解决群众实际困难、维护社会和谐稳定等方面发挥了重要作用。但总体上看，组织数量还不足、服务能力还不强，距满足社会的需求还有一定的差距。加强防震减灾志愿者队伍建设与管理，正是非常迫切与现实的问题之一。

◇科学发展和管理志愿服务组织

近年来，中央有关部门出台了一系列关于志愿服务的政策文件，规范和推动了志愿服务的发展。中共中央宣传部、中央文明办、民政部、教育部、财政部、全国总工会、共青团中央、全国妇联2016年7月印发的《关于支持和发展志愿服务组织的意见》，指明了我国志愿服务组织的发展方向，对如何科学发展和管理志愿服务组织提出了许多具体措施，为志愿服务健康持续深入发展奠定了政策基础。其中与建设和管理防震减灾志愿者队伍关系相对比较密切的内容包括：

（1）发展志愿服务组织的基本原则

坚持服务大局、统筹发展。把支持和发展志愿服务组织纳入全面建成小康社会、全面深化改革、全面推进依法治国、全面从严治党大局，正确处理志愿服务组织与其他社会服务提供主体之间的关系，统筹不同区域、不同领域、不同类型的志愿服务组织发展。

坚持分类指导、突出特色。注重服务与管理并举，畅通联系渠道，有效发挥志愿服务组织作用。遵循志愿服务组织发展规律，根据志愿服务组织类别和规模，指导各类志愿服务组织明确定位、强化管理，提升能力、突出特色，创新方式、拓展领域，有效释放创造力和生产力，不断提高志愿服务专业化、科学化水平。

坚持正确引导、依法自治。坚持党委领导、政府监管，充分发挥基层党组织的战斗堡垒作用，发挥共产党员先锋模范作用和骨干作用，确保志愿服务组织发展的正确方向。充分尊重志愿服务组织的社会性、志愿性、公益性、非营利性特点，引导志愿服务组织按照法律法规和章程开展活动，依法自治。

坚持创新发展、多方参与。着力推进志愿服务组织、志愿者与志愿服务活动共同发展，筑牢志愿服务组织基础。鼓励国家机关、群团组织、企事业单位、其他社会组织和基层群众性自治组织建立志愿服务队伍，引导民生和公共服务机构开门接纳志愿者，形成志愿服务工作合力，扩大志愿服务社会覆盖。

（2）发展志愿服务组织的目标

到 2020 年，基本建成与经济社会发展相适应，布局合理、管理规范、服务完善、充满活力的志愿服务组织体系。志愿服务组织发展环境得到优化，初步形成登记管理、资金支持、人才培育等配套政策。志愿服务组织服务范围不断扩大，基本覆盖社会治理各领域、群众生活各方面，涌现一批公信度高、带动力强的志愿服务组织。志愿服务组织功能有效发挥，成为推进人们相互关爱、传递文明的重要渠道，成为提升社会服务水平、改善民生福祉的有力助手，成为增进社会信任、维护社会稳定、促进社会和谐的有生力量。

要实现以上目标，必须明确方向，找准着力点。一是要坚持以党的建设为正确引领，坚持以培育和践行社会主义核心价值观、满足人民群众日益增长的社会服务需求为出发点；二是要坚持以能力建设为基础，不断提升组织能力，为社会提供优质服务，实现可持续发展；三是建立健全政策制度、完善体制机制、增强法律保障，进一步优化志愿服务组织发展的政策环境。

（3）推进志愿服务组织依法登记，推行志愿服务记录制度

为满足越来越多的人加入志愿者的需求，在总结各地开展注册管理工作的基础上，志愿者注册制度从 2001 年开始在全国实施。2002 年 3 月，团中央颁行了《中国青年志愿者注册管理办法（试行）》。在此基础上，2006 年 12 月团中央又颁行了《中国注册志愿者管理办法》。此后，各地结合实际，认真组织实施，广泛开展志愿者注册工作，并以此带动志愿服务其它各项建设的发展。

据不完全统计，截至 2015 年底，全国依法在民政部门登记的志愿服务组织仅有 2.5 万个，也就是说，我国多数志愿服务组织尚未在民政部门进行登记。对于志愿服务组织来说，没有法律身份的确认，不利于建立自身公信力、吸引壮大志愿者队伍，也不利于培养责任意识和风险管控能力，更无法获得政府采购和公益创投资格和很多优惠政策。大量的志愿服务组织未登记，也不利于党政部门准确掌握志愿服务组织相关情况、有效指导志愿服务组织发展。从保护志愿者的切身权益、推动志愿服务组织规范化发展的角度出发，应该引导志愿服务组织到有关部门登记。

有关政府部门应坚持积极引导发展、严格依法管理的原则，提供便捷高效的服务，引导符合登记条件的志愿服务组织依法登记。针对目前大部分志愿服务组织规模小、注册资金不足、缺乏相应专职人员和固定场所的实际，在不违背社会组织管理法律法规基本精神基础上，可以按照活动地域适当放宽成立志愿服务组织所需条件。各有关部门要在活动场地、活动资金、人才培养等方面提供优先支持，激发志愿服务组织依法登记的

积极性与主动性。经单位领导机构或基层群众性自治组织同意成立的志愿服务组织，可以在本单位、本社区内部开展志愿服务活动。鼓励已经登记的志愿服务组织为其提供规范指导和工作支持。

在加强登记工作的同时，全面推行志愿服务记录制度。依托和完善全国志愿服务信息系统，实施应用《志愿服务信息系统基本规范》（MZ/T061－2015），实现志愿服务信息的互联互通和数据的有效汇集，为志愿服务组织管理志愿者、开展志愿服务记录工作提供技术支撑。各地各有关部门要根据《志愿服务记录办法》（民函〔2012〕340号）和《关于规范志愿服务记录证明工作的指导意见》（民发〔2015〕149号）要求，指导志愿服务组织及时、完整、准确记录志愿者参加志愿服务的信息，保护志愿者个人隐私，规范开具志愿服务记录证明，科学开展志愿者星级认定，建立健全志愿服务时间储蓄制度，不断提高志愿服务组织的服务效能和管理水平。

（4）完善志愿服务组织监督管理，完善组织内部治理

加强志愿服务组织日常监管，建立登记管理机关、业务主管单位、行业管理部门、行业组织和社会公众等多元主体参与，行政监管、行业自律和社会监督有机结合的监督管理机制。探索建立登记管理机关评估、资助方评估、服务对象评估和自评有机结合的志愿服务组织综合评价体系，逐步引入第三方评估机制，定期对志愿服务组织的基础条件、内部治理、工作绩效和社会评价等进行跟踪评估，将评估情况作为政府购买社会服务、社会各界资助以及落实相关优惠政策的重要依据。推进志愿服务组织诚信建设，将志愿服务组织守信情况纳入社会组织诚信指标体系。为业务活动与志愿服务宗旨、性质严重不符的

志愿服务组织建立退出机制。志愿服务组织行为违反法律法规规定的，依法追究相关法律责任。

登记管理机关、业务主管单位和行业管理部门要指导已登记的志愿服务组织依据章程建立健全独立自主、权责明确、运转协调、制衡有效的内部治理结构。具备条件的志愿服务组织应设立党的组织，充分发挥党组织的政治核心作用，围绕党章赋予基层党组织的基本任务开展工作，团结凝聚志愿者，保证志愿服务组织的政治方向；暂不具备条件的，要明确责任单位指导志愿服务组织开展党建工作，条件成熟时及时建立党的组织。坚持党建带群建，充分发挥群团组织的积极作用。志愿服务组织应当为自身党群组织开展活动、发挥作用提供必要支持。重点完善组织决策、执行、监督制度和内部议事规则，建立健全人、财、物管理制度和内部信息披露制度，准确、完整、及时地向社会公开组织的名称、住所、负责人、机构设置等基本情况，公开年报公告、财务收支、捐资使用、服务内容、奖惩情况等重要信息，主动接受登记管理机关的监督管理和社会监督，努力提升志愿服务组织的社会公信力。有会员单位或分支机构的，应指导其加强内部管理。

加大对志愿服务领域行业组织的扶持发展力度，充分发挥其在志愿服务组织管理中的先行规范和自我约束作用，引导行风建设，加强行业监督，为志愿服务组织监管提供有力辅助；充分发挥行业组织在志愿服务组织服务中的牵头和协调作用，促进行业沟通，反映行业诉求，推动行业创新，为志愿服务组织发展争取有力支持。各地要为志愿服务行业组织发挥行业监督约束作用、加强道德建设创造良好环境，逐步建立健全与行业发展相适应、覆盖全面、运行有效、作用明显的行业自律体系。

◇为志愿服务组织开展工作提供条件

随着经济社会的发展，老百姓对志愿服务的需求越来越多，要求也越来越高。加强志愿服务组织的培育，提升志愿服务组织的能力，落脚点是为了切实发挥志愿服务组织的作用，提升服务成效和水平。为了让志愿服务更好地满足社会的需要和人民群众的企盼，政府部门应积极为志愿服务组织开展工作提供条件。对此，中宣部等部门印发的《关于支持和发展志愿服务组织的意见》也进行了规定，这些规定同样适用于对防震减灾志愿服务组织的培育与扶持：

（1）积极推进志愿服务组织承接公共服务项目

各地各有关部门和符合条件的事业单位、群团组织要贯彻落实《国务院办公厅关于政府向社会力量购买服务的指导意见》（国办发〔2013〕96号）和《政府购买服务管理办法（暂行）》（财综〔2014〕96号）有关要求，充分发挥志愿服务成本低、效率高，志愿服务组织灵活度高、创新性强的特点，积极支持志愿服务组织承接扶贫、济困、扶老、救孤、恤病、助残、救灾、助医、助学等领域的志愿服务，加大财政资金对志愿服务运营管理的支持力度。充分利用志愿服务信息平台等载体，及时发布政府安排由社会力量承担的服务项目，为志愿服务组织获取相关信息提供便利。

（2）强化志愿服务供需对接

立足需求，着眼民生，有关单位和社区要积极向志愿服务组织开放更多公共资源，鼓励街道（乡镇）、城乡社区为志愿服务组织提供服务场所。充分运用社区综合服务设施，搭建社区志愿服务平台。支持和鼓励社会志愿服务组织走进社区，了解和征集群众需求，结合自身能力特点，有针对性地做好志愿服务规划，设计服务项目，开展服务活动，切实使服务对象受益。充分利用信息技术手段，及时有效匹配志愿服务供给与需求。推广"菜单式"志愿服务经验，鼓励引导志愿服务组织公开本组织志愿者技能、特长和提供服务时间等信息，与群众需求有机结合，逐步建立志愿服务供需有效对接机制和服务长效机制，全面提高志愿服务水平。

（3）推广"社会工作者＋志愿者"协作机制

鼓励志愿服务组织招募使用社会工作者，鼓励社会工作服务机构等社会组织在开展公益活动时招募志愿者。建立志愿服务组织与社会工作服务机构等社会组织常态化合作机制，充分发挥社会工作者在组织策划、项目运作、资源链接等方面的专业优势，发挥志愿者热情高、来源广、肯奉献的人力资源优势，形成社会工作者和志愿者协调配合、共同开展服务的格局，促进志愿服务专业化规范化。

（4）创新志愿服务方式方法

指导志愿服务组织明确服务方向，紧紧围绕党和政府中心工作和群众所需所盼，持续推进扶贫、济困、扶老、救孤、恤病、助残、救灾、助医、助学和大型社会活动等重点领域的志愿服务。支持志愿服务组织发挥优势、各展所长，积极推进党员志愿服务、青年志愿服务、老年志愿服务、学生志愿服务、巾帼志愿服务等有序开展，打造项目精品，形成品牌效应。鼓励博物馆、图书馆、纪念馆、文化馆、文物保护单位等设立志愿服务站点，招募使用志愿者。积极探索"互联网＋志愿服务"，支持志愿服务组织安全合规利用互联网优化服务，创新服务方式，提高服务效能，加强对网络社团等新型组织的志愿服务规范管理。

严格规范志愿服务组织涉外合作，确保遵守国家有关法律法规和政策。

（5）加大经费支持和保险保障

各地要逐步扩大财政资金对志愿服务组织发展的支持规模和范围，加强对志愿服务组织的财税政策支持，落实各项财税优惠政策。积极推进政府购买服务，支持志愿服务组织立足自身优势，承接相关服务项目。单位领导机构和基层群众性自治组织对单位、社区内部志愿服务组织开展志愿服务活动，要给予经费支持。依法大力发展志愿服务基金，切实加强管理，积极搭建爱心企业、爱心人士与志愿服务组织之间的桥梁，引导社会资金参与支持志愿服务组织发展。

鼓励多渠道筹资为志愿者购买保险，鼓励保险公司与志愿服务组织合作，设计开发符合志愿服务特点、适应志愿服务发展需要的险种，为志愿服务活动承保，为志愿服务组织健康持续发展提供有力保障。

志愿者保险是激励志愿者投身志愿服务，保障志愿者权益的重要措施。为参加可能存在一定人身危险性志愿服务的志愿者购买保险，分担志愿者在开展志愿服务过程遭遇的人身伤害、财务损失等风险，是打消志愿者后顾之忧、激励群众广泛参与的有效措施。为志愿服务活动承保，就是要推动建立志愿者保险制度，让志愿服务组织和志愿者没有顾虑地投入到社会志愿服务之中。

（6）不断优化志愿者队伍结构

国家层面建立志愿服务组织人才示范培训机制，有条件的地区可依托高等院校、党校、团校等教育培训机构建立志愿者培训基地，加快培养一批长期参与志愿服务、熟练掌握服务知识和岗位技能的志愿者骨干，着力培养一批富于社会责任感、熟悉现代管理知识、拥有丰富管理经验的志愿服务组织管理人才。国家机关、群团组织、企事业单位、其他社会组织和基层群众性自治组织要积极支持本单位、本社区的专业人才加入志愿服务组织，开展志愿服务活动，不断优化志愿者队伍结构。志愿服务组织要注重招募、使用专业志愿者，建立健全志愿者日常管理培训制度，对于专业性要求高的志愿服务项目，要强化专业知识和技能培训，不断提高志愿者能力素质。引导志愿服务组织通过规范招募、科学管理、创新服务，培养、吸引和留住优秀志愿者。

积极探索通过志愿服务交流会、志愿服务项目大赛等有效举措，指导志愿服务组织牢固树立项目意识、品牌意识，不断提升战略谋划、项目运作和宣传推广能力，通过优秀的服务项目和服务品牌争取各方资源，吸引资助者。支持志愿服务组织通过承接公共服务项目、积极参加公益创业和公益创投、争取政府补贴与社会捐赠等多种途径，妥善解决志愿服务运营成本问题，为组织持续发展提供动力。

通过政策引导、重点培育、项目资助等方式，建设一批活动规范有序、作用发挥明显、社会影响力强的示范性志愿服务组织。按照有关规定对做出突出贡献的志愿服务组织进行表彰奖励。通过推广志愿服务组织培育和管理经验、建设优秀志愿服务组织库和优秀志愿服务项目库等方式，引领带动其他志愿服务组织科学化规范化发展。

（7）营造良好环境

要在全社会大力弘扬雷锋精神，弘扬奉献、友爱、互助、进步的志愿精神，培育学雷锋志愿服务文化。坚持立足中国国情，体现中国特色，讲好中国故事，积极支持有利于志愿服务发展的研究、交流与合作。加强志愿服务经验总结和推广交流，广泛宣传志愿服务组织在提高国民素质和社会文明程度、加强社会治理创新、保障改善民生中的重要作用，为志愿服务组织发展营造良好氛围。

◇大力推进防震减灾志愿者队伍建设

志愿服务泛指利用自己的时间、自己的技能、自己的资源、自己的善心为邻居、社区、社会提供非营利、无偿、非职业化援助的行为。志愿服务起源于 19 世纪初西方国家宗教性的慈善服务。19 世纪末至 20 世纪初，欧美等国先后通过了一系列有关社会福利方面的法律法规。第二次世界大战后，西方国家的志愿服务工作进一步规范化。

1985 年 12 月 17 日，第四十届联合国大会通过决议，从 1986 年起，每年的 12 月 5 日为"国际促进经济和社会发展志愿人员日"（简称国际志愿人员日）。其目的是敦促各国政府通过庆祝活动，唤起更多的人以志愿者的身份从事社会发展和经济建设事业。

中国的志愿服务，主要是由政府组织倡导的志愿活动以及成千上万的较小规模、自下而上的社区基层组织这两方面的力量所推动的。通过志愿活动，志愿者不仅使他们所服务的社区受益，而且令自身受益。志愿者能够通过志愿服务来增强自己对他人的关爱之心和领导能力、管理能力以及沟通技巧。志愿服务通过教导人们要有责任心以及促进互信和谐，让整个社会更有凝聚力。

为了全面提高防震减灾能力，在灾害发生前后能够及时、有序、高效地进行预防和开展应急救援工作，最大限度地减轻灾害损失，大力推进防震减灾志愿者队伍建设、提高全社会抗御地震灾害的能力是非常有必要的。

防震减灾志愿者队伍采取政府引导、自我管理、依法建设的原则。防震减灾志愿者队伍在政府有关部门的领导下组织开展活动。志愿者队伍建设坚持自我完善、自我发展、自我管理的原则，紧紧依靠当地社区、街道政府、人武部、团组织，广泛吸收预备役及基层民兵、共青团员参加到减灾和应急救援工作中来。

各区县、街道、各部门、各有关企事业单位，都要重视对防震减灾志愿者的招募和登记工作。志愿者队伍的建设需要符合我国宪法、法律、法规的规定，志愿者自愿参加，并自觉地接受当地政府和有关部门的监督。

各级地震局应联合有关部门，与有关企业以及各区县、街道合作，进行抢险、救助、急救、消防、应急避险转移等技能训练，确保组建具有一定防震减灾专业技能的志愿者队伍。各区县、街道，各有关部门、企事业单位，要结合本区镇街、本单位、本企业的实际，因地制宜地开展防震减灾志愿者队伍建设工作。

招募防震减灾志愿者，可以依托各类公共服务、社会管理部门、行业协会和组织等，面向社会公开招募，凡18周岁以上，身体健康，符合一定条件，遵纪守法，热爱志愿服务事业，具有奉献精神，服从应急志愿者服务组织的管理的社会各界人员均可参加。

组织者应定期对志愿者进行培训和考核。防震减灾志愿者的培训内容包括基础培训、业务培训和拓展培训。

基础培训是指所有志愿者都必须接受的培训，主要包括：

志愿精神和志愿理念的培训、防震减灾队伍介绍等；志愿者的义务、责任和服务中的安全健康知识、常用法律知识。

业务培训是志愿者队伍根据志愿者选择参与的防震减灾服务项目，对志愿者进行专项培训。根据地震灾害的特点掌握救援知识和技能。

拓展培训是为了提升志愿者的素质和技能进行的一系列培训。

救援志愿队按照"平战结合"的原则，每年举行一两次基本知识和自救互救常识的学习和培训，并进行必要的考核，及时淘汰替换掉不合格的人员，以保持整体队伍的战斗力。

在日常工作中，志愿者应熟悉辖区内人员分布、医疗机构分布、交通通信情况等，以利于救援工作的开展。志愿服务组织应利用节假日、公休日向志愿者进行减灾、应急救援和卫生防疫基本知识培训和技能、体能的综合培训，开展模拟演练，提高队伍素质，为紧急情况下圆满完成各种复杂的任务奠定良好的基础。

◇防震减灾志愿者队伍建设中存在的问题

2008年被称为中国的"志愿者元年"。在突如其来的"5·12"汶川地震中，千百万志愿者踊跃奔赴灾区，随后的玉树地震、雅安地震中，我们依然见到地震志愿者踊跃的身影，志愿者在抗震救灾中发挥了重要作用。

近年来，我国的防震减灾志愿者队伍得到了快速发展，越来越多的人认识到防震减灾工作的重要性，纷纷加入到志愿者行列，各地的志愿者队伍也逐渐建立起来。但是在这些年的实践中，也暴露出防震减灾志愿者队伍在建设和管理方面存在的一些问题：

（1）社会认同度不高

　　志愿者组织的本质属性在于志愿性，而志愿性来源于对志愿者组织的认同。很多地方在招募防震减灾志愿者之初就遇到这个问题。通常，报名参加志愿者的人员提出的第一个问题就是：防震减灾志愿者在没有地震的时候能做什么？其他主要关心的问题是，防震减灾志愿者都有什么活动等等。从这些问题可以看出，虽然普通群众对志愿服务有一定的感性认识，但社会认可度还有待提高。

（2）人员结构较为单一，专业技能相对不足

　　现阶段，我国的地震志愿者队伍还是以青年人居多，其中很多为在校学生。这是因为各地在招募志愿者工作中，往往习惯以团委等部门为依托，借助各级团组织的管理职能和掌握的基础资源，来便捷地吸收志愿者。然而，这却造成了年龄结构的单一，人员流动性大的问题。一支强大的地震志愿服务队伍，不仅要保证人员的数量，还应注重人员结构的多元化，做到职业广泛、年龄合理和人员稳定，要构成各类人群的整体合力，更好的服务于防震减灾工作。

　　同时，地震志愿者队伍专业技能较低也是一个普遍问题，而基层地震志愿者队伍中专业人才匮乏尤为严重。比如，北京市某区招募的防震减灾志愿者几乎完全不具备应急救援、心理辅导等专业背景，其他地区的志愿者也难免存在类似的问题。从汶川、玉树等震例中看到，许多满腔热情的志愿者投入灾区，但是由于专业技能的缺乏，只能做一些简单的体力劳动，有时这样的志愿者人数供大于求，甚至成为了救援工作的负担，起到了反面作用。

（3）缺乏规范的组织管理，资源难以有效整合

目前，我国志愿者主要有三个来源：一是来自于专门的志愿者组织，二是来自于其他非盈利性组织，三是"单兵作战"的个体者。由于志愿者在管理和引导方面缺乏有效的规范和统一，因此存在一定的混乱现象。汶川地震中，大量的志愿者涌入灾区，没有统一的组织和管理，在救援初期就造成了混乱拥堵的场面。同时，志愿者组织与政府缺乏有效的信息交流平台，救灾时常常出现政府、志愿者组织和志愿者三方互不了解对方行动，造成志愿者的分配和技能分工不合理，出现了有的地方人浮于事而有的地方却人员吃紧，懂医的人被安排去现场救援，而医疗工作却人手不足的矛盾局面。更有部分志愿者未能联系上组织，缺乏后勤保障，自己却沦为了灾民，成了被救助的对象，这些都造成了资源的极大浪费。

（4）缺乏法律和经费保障，志愿活动受到一定制约

随着我国经济的发展，人民大众的志愿活动意识也在不断增强，各种志愿者组织和活动在数量和形式上都有较快的发展，但志愿者合法权益的保护却令人堪忧。从政策法规层面来讲，目前中央政府和有关部门的政策、规范和条例仍然比较笼统，对志愿服务工作的开展没有明确的指导意义。从志愿者服务的外部环境来讲，志愿者合法权益的保障仍然欠缺。地震应急救援志愿者队在人身安全保障方面没有资金保障，外出活动也全靠组织和个人防护。这些问题在平时看似无关紧要，一旦发生地震灾害或者外出进行志愿活动就会面临诸如人身安全、基本食宿及交通费用等难题，且原有工作与参加志愿者活动如何协调也面临压力。

相比之下，美国、韩国、波兰、巴西、澳大利亚等十几个

国家则制定了专门的志愿者服务法律。以澳大利亚为例，志愿消防员享受政府给予的火灾伤害保险，如果参加火灾扑救，原单位工资不得扣发，如果因灭火救援负伤，工资照发，医疗费用则由保险公司支付。

此外，我国志愿者活动的资金来源也不稳定，尽管有政府补助和民间捐助，但是仍严重不足，缺口很大。很多志愿者要自费参加志愿活动，这些问题都不利于增强志愿者的工作积极性，影响了志愿者队伍的发展。

◇从政策方面加强防震减灾志愿者队伍建设

在我国防震减灾事业快速发展的今天，如何从政策方面加强志愿者队伍建设，是一个非常重要的问题。

（1）广泛动员，完善志愿者招募程序

以适当的方式广泛动员报名是成功组建防震减灾志愿者队伍的关键环节之一。一方面可狠抓思想教育工作，在广大干部群众中大讲"人人为我，我为人人"的奉献精神。同时，积极号召领导带头，党团员先上，群众跟上，形成"互相友爱比奉献，人人争做志愿者"的好风气。另一方面，政府可给予必要的政策性支持，明确志愿者的权利，增强志愿者的荣誉感和使命感，营造良好的氛围。

明确志愿者招募程序及渠道，招募过程经过统筹规划，可以提高志愿者本人对参与组织的认同感，同时也有利于提高社会对志愿者组织的认同。

目前，通过社区论坛、网站和广播媒体发布招募公告，是比较常见的志愿者招募方式。这种方式的优点是受众广泛，能吸引到各种层次愿意参加志愿活动的人群。通常这种招募方式

比较适合于大型活动及严重自然灾害事件，而对于基层社区及区县级的志愿者组织通过此种方式进行招募极易发生招募失败的现象。因为对于较小范围和层级较低的志愿者组织，招募对象的范围相对明确，广播媒体很难专门针对如此小的区域进行宣传，所以极易出现需要招募的区域很少有人知道招募消息，从而导致招募的失败。区县级及社区地震志愿者服务的地理范围较小，组织者及从事活动都具有很大的不确定性，因此，基层的志愿者组织招募方式也应根据这种特殊性相应改变。招募可以通过张贴招募公告、社区广播、熟人介绍等多种方式进行。通过这种方式招募到的人员既可以保证是本社区及附近的居民，又可以充分保证基层志愿者对当地地理环境及人文情况熟悉的独特优势。志愿者招募方式应该因地制宜，只要是能增加当地居民对志愿者组织认同感和激发他们参与热情的都可以采用。

（2）加强志愿者服务的制度建设

良好的制度是做好工作的先决条件，志愿者工作在我国地震工作中是一项较新的事务，制度建设尤为关键。

首先应规范志愿者的招募工作，完善注册登记和后期管理服务认证制度。登记注册要按照报名人员的年龄层次、活动区域、个人特长等条件进行分类，并建立数据库，以便于掌握志愿者信息，更好地整合志愿者资源。同时，志愿者后期管理如服务时间、服务质量等也要记录到位，而志愿者在参与防震减灾服务活动的记录，可通过服务认证将其纳入到个人服务档案，标志着对服务工作的认可。

其次要提高队伍的应急响应能力，建立科学完善的应急行动预案。突发事件的应急响应能力，是衡量地震志愿者队伍是否优秀的重要标准。地震志愿者队伍必须有一套可行的、操作性强的应急行动预案。预案的制定，要紧紧围绕政府的《地震应急预案》，充分结合志愿者本身职能，以提高队伍的应急响应能力为目标，详细安排好地震发生后志愿者集结方式，通讯形式，组织体系，参与的工作和后勤保障等问题，切实起到应急救援的补充作用。

（3）建立定期培训和演练制度

防震减灾志愿者与普通志愿者相比，主要区别是需要了解地震基本知识，懂得应急救援、医疗救助以及心理辅导等基本方法。地震志愿者队伍要同地震、消防、医疗等部门相互沟通和协作，定期对志愿者进行培训，提高队伍的整体素质。

对志愿者进行培训是志愿者组织的一项主要工作，培训是强化志愿者队伍素质的关键，强化素质也是志愿者队伍生存发展的必要条件。因此，建立完善的志愿者培训制度是非常有必要的。志愿者培训制度包括新志愿者培训（初级培训）、专业培训、骨干培训、全员培训制度，使志愿者能在培训学习的过程中不断提高自身素质，更好地投入到志愿服务中去。

①新志愿者培训制度。新志愿者培训制度是对新志愿者在完成登记后，必须经过的最基础培训。培训时间按新志愿者登记累计数确定，就近安排时间进行培训。

②专业培训制度。专业培训制度是对志愿者在开展项目活动前所进行的项目专业培训。即使是对于那些没有专业技能要求的志愿服务，也要通过培训把项目意义、活动内容、时间、地点、要求、注意事项等讲解明白，保证让每名参与该项目的志愿者对项目的情况有一个全面的了解。对专业性较强的项目，须聘请有关方面的专业人员或有培训资格的志愿者，使项目开

展过程中能够保证按要求做细做好。在项目进行中，如有需要强化培训的，须及时组织好。这样一方面可以使参加培训的人员进一步提高专业水平，另一方面也可以使培训进一步深化，使之跟得上项目的深入发展。专业培训须经考试考核合格后发证，持证后方可参与服务。

③志愿者全员培训制度。志愿者全员培训制度规定全体志愿者每年都要参加一次全员培训。志愿者全员培训要求在志愿者手册上作记录，未能参加培训的志愿者不能通过年审，对因故不能参加培训的志愿者要安排补训。

（4）建立志愿者与政府沟通的平台

虽然志愿者组织强调民间特色、自主发展，但随着服务领域、服务内容的不断扩大，政府的支持和推动将成为不可或缺的力量。志愿者在抗震救灾实践中管理主体会呈现出三个不同特征的阶段：志愿者单一中心期、志愿者与政府双中心期和政府单一中心期。

在后两阶段时，政府与志愿者之间的沟通协调是尤为重要的，这就要求政府抗震救灾指挥部在制定现场救援方案时要充分考虑到志愿者工作，要积极做好工作协调和志愿者安排引导工作。志愿者组织要服从现场抗震救灾指挥部领导，通过信息交流平台，及时获取灾区受灾情况，保证救援行动的统一、持续和高效，完成资源的有效整合，实现合理利用，达到最好的救灾效果。此外，在无灾难发生时，政府也应注重同民间志愿者组织的沟通，地震、民政和团委等部门都能够成为政府与志愿者之间沟通交流的良好平台。在日常工作中，创造环境，引导志愿者正确参与防震减灾活动，建立起相互信任，相互支持，协调互动的合作关系，共同做好防震减灾这项全民工程。

（5）做好志愿服务的基础保障工作

首先要做好法律和政策保障。对志愿服务立法是国际上通用的做法。从抗震救灾实践看来，在我国推进志愿服务的全国性立法，用法律形式来确立志愿者权利和义务，规范志愿服务的组织和管理，保障志愿者的合法权益，乃是当务之急。

良好的政策更能够激发志愿者的工作热情，提高工作效率。虽然志愿服务意味着无私奉献，不求索取，但随着社会的发展，人们的观念也在改变，制定多层次、多形式的激励政策还是十分必要的。

激励政策可以有多种，除了适当物质奖励、社会保险奖励，也可以采取生活优惠奖励，如享受景点门票、坐车优惠、商家优惠等。

其次，是做好经费保障。经费是志愿活动的前提和基础。政府部门应加大对志愿者工作的资金扶持力度，建立志愿服务专项经费，实行专款专用。志愿者组织也要拓宽筹措渠道，建立多元的资金模式，可以吸取国外的先进做法，鼓励企业捐赠和个人捐助，尝试无风险组织投资等等。

◇社区如何成立自己的防震减灾志愿者队伍

为全面实施防震减灾社会动员，增强社区居民减灾意识，提高社区应对突发灾害的快速反应能力和救助能力，社区应成立防震减灾志愿者队伍。为此，首先应做好如下几个方面的工作：

（1）明确社区防震减灾志愿者队伍的任务

社区志愿者队伍的任务主要有：开展防震减灾知识的宣传

教育，提高社区应急志愿者和社区公民防震减灾意识；协助地震工作主管部门做好专业培训，学习掌握应急抢险的基本技能，提高自救互救能力；举办宣传及演练活动，提高社区居民对防震减灾知识的了解，指导社区居民通过演练掌握一定的应急避险知识和自救互救技能；开展地震宏观异常观察，发现地震宏观异常及时报送相关地震部门；地震发生后，负责做好社区地震灾害信息的收集报送工作；根据本区域地震救灾的需要，配合专业救援队伍做好应急救援行动，做好救灾物品的发放等工作；开展多形式的社区活动，增强队伍凝聚力、培养互助友爱精神，树立防震减灾志愿者的良好形象。

（2）明确社区防震减灾志愿者的权利和义务

社区志愿者有对社区防震减灾工作提出意见、建议和批评；优先获得必需的救灾物品和装备；参与社区志愿队组织的各项活动；参加对社区志愿者队员的技能培训；工作中有突出表现的获得相应表彰和奖励的权利。

志愿者有义务宣传地震科普知识和防震减灾知识以及自救互救知识；灾时开展灾情、民情的搜集和速报；按照要求积极参加社区救灾活动；组织灾民应急避险、自救互救、平息谣传、维持社会秩序；协助、配合专业救援队伍开展抢险、救护等工作；积极参加社区志愿者队伍组织的其他各项活动。

（3）规范社区应急志愿者产生机制

根据居民自愿的原则，由社区居委会组织志愿队伍并实施管理，可以通过个人报名、资格审查招募防震减灾志愿者。

只要居住在本社区，身体健康，有志愿服务的热情，具有或者愿意学习地震相关知识，遵守法律、法规以及志愿服务组织的章程和其他管理制度，就可以填写一张"社区防震减灾志愿者注册申请表"，审核合格后，由注册机构向申请人发放证书，成为正式的防震减灾志愿者。

为了提升志愿者的荣誉感和使命感，应协助他们进行网上注册，并发放每个人"中国社区志愿者证"（此证由中国社会工作协会社区志愿者工作委员会颁发），上面有志愿者的编号以及个人信息以及志愿服务记录等。

社区防震减灾志愿者注册申请表

姓名		性别		照片
政治面貌		民族		
身高		体重		
健康状况		电话		
身份证号码				
常住地址或单位			邮政编码	
E-mail			QQ 号	
紧急联系人			联系人电话	
具备相关的救援技能				
有关救援经历				
所在单位意见				

社区要建立健全注册志愿者档案管理，促进管理工作的科

学化、制度化、规范化。有条件的社区可建立网上注册管理系统。至少要建立一套社区防震减灾志愿者信息汇总表。

社区防震减灾志愿者信息汇总表

序号	姓名	性别	常住地址或单位	联系电话	QQ 或邮箱
1					
2					
3					
4					
5					
6					
7					
8					
9					
10					
11					
12					
13					
14					
15					

（4）为志愿者队伍配备必要的装备

有条件的社区，应为志愿者配备必要的救灾物品及装备。

社区地震应急救援志愿者应配备必要的个人装配，包括服装、安全防护用具、急救用品、照明设备等（志愿者个人装备由个人保管，定期更换）。具体建议配置见下表：

社区防震减灾志愿者个人装备表

序号	装备名称	数量	基本要求或内容
1	训练服	1—2套	迷彩服、带救援志愿者标点
2	反光马甲	1件	带救援志愿者标志
3	防护鞋、安全鞋	1—2双	防电、防水、耐酸碱、防砸、防穿刺、耐高温等
4	安全帽	1顶	玻璃钢头盔、带救援志愿者标志
5	防护手套	2副	防刺
6	防尘口罩	5—10个	棉线
7	强光手电筒	1个	
8	急救包	1个	内含简单医疗用品
9	饭盒、水袋	1套	
10	背包	1个	带救援志愿者标志

防震减灾志愿者队伍还可以配备液压万向剪切钳、手动起重机组、手动破拆工具组、铁锹、撬杠、灭火器、担架、医务救助箱等简易救助工具和装备。

（5）健全社区志愿者队伍组织管理机构

社区居委会（或区县级地震工作主管部门）对辖区内的社区志愿者队伍进行统一管理。管理的主要内容有：建立完善的志愿者队伍资料及队员档案；组织防震减灾宣传教育和对志愿者队伍培训；组织志愿者队伍参加地震救灾活动；指导队伍开展适合本地区特点的相关公益宣传活动；维护志愿者的合法权益；组织志愿者参加必要的学术交流和参观访问，探索新时期社区应急工作新途径、新方法。

志愿队可设队长、副队长各一名。队长、副队长由队员公开选举或社区居委会公开选拔产生。志愿者队长负责社区志愿者队伍日常的管理和联络，同时做好与区县级地震工作主管部门的联系，接受区县级地震工作主管部门的指导。

志愿队内部可根据工作需要，设立不同的小组。如：宣传组、救助组、医护组、后勤保障组、通信联络组等。小组应当根据队员在年龄结构、性别、身体素质、工作性质上的不同给予合理搭配。组长由队员内部产生，负责带领组内成员共同开展队长布置的工作。

◇对志愿者的培训管理在全球备受重视

志愿者的培训管理，在全球范围内一直备受重视。美国有专门研究志愿者的机构，大学也设有相关学科。香港对义工（相当于志愿者）的专业技能要求很高，除对一般性服务的义工做基本培训外，还要由学校或某些培训团体来培养"文凭社工"。目前，香港7家高等院校均设有社会工作系，每年有近千名社工系学生走入社会。

在中国台湾地区，社会服务是大中学校的必修课程，包括理论和实践两个部分。台北市的中学生每学期至少要做8小时义工，大学生必须做够50小时方可毕业。

从内容上看，志愿者培训一般包括通用培训、专业培训、技能培训和岗位培训。通用培训包括通用知识、基本技能和精神素质等。专业培训的内容是各类志愿服务必需的业务知识和专项技术。技能培训主要是进行与志愿服务相关的沟通、管理、策划等技能培训。岗位培训的内容主要是岗位细则、工作任务、业务流程等。

从服务对象上看，包括新手入门培训、志愿服务组织骨干培训和组织负责人培训。

从培训形式上看，包括集中辅导、座谈交流、案例分析等方式。

一个优秀的志愿者所具备的素质，除了具备胜任工作的专业知识、技能外，还应具备洞察力、感受力、组织协调能力和团队合作意识等。

我们不能苛求每一个志愿者必须具备相当高的服务能力，毕竟志愿服务是一项力所能及、各尽所长的公益行为。但给予他们更高的目标和努力的方向，无疑是必要的。

2008 年被称作"中国志愿服务元年"。北京奥运会志愿者，向世界展示了中国年轻一代的精神风貌和责任担当。汶川地震后积极参与救援和灾后重建的志愿者，向世界展示了中国人的大爱和勇气。

但也必须承认，尽管其热情、纪律性和团队精神备受赞誉，可与 4 年后伦敦奥运会志愿者相比，在经验和组织协调等更多的细节上，"鸟巢一代"的志愿服务能力还有很多不足。

而汶川地震志愿者的热情与能力、经验不足的反差，更是在当时就表现出来，甚至影响到救援工作的进展，以致有关部门向全国志愿者发出了不要入川的呼吁。

想做好事是一种爱心，把好事做好是一种能力。加强志愿服务培训，就是培养志愿者把好事做好的能力。

"志愿者人人可为"是一种理念的普及。当志愿者已经成为人们耳熟能详的一个名词，更要推广的就是"志愿者人人能为"的能力建设。目前，我国志愿者的培养存在"不实用的、脱离实际"等问题，受过专业训练的志愿者在高等教育中得不到实际能力的锻炼和职业的训练，虽然有理论知识甚至与国际接轨，但常常与实际脱节，无法胜任实际工作；能胜任或愿意从事地震灾害志愿工作的人才奇缺。为此，必须加强对防震减灾志愿者的社会工作实践教育和专业技能培训。

对防震减灾志愿者的培训，不能仅仅停留在技能上，更是一种从观念到行为准则、纪律性、法律意识的全方位培养。

◇积极有效的开展对防震减灾志愿者的培训

通过科学合理的培训，可以使志愿者充分调动自身潜力和积极性参与到防震减灾工作中。调动自身潜力意味着愿意了解相关知识，愿意将学到的知识应用到实践中，愿意加强某种能力来应对某种事件，愿意从错误中吸取教训。

但是如何针对不同需求开展有效的培训，对于培训组织者来说是至关重要的。对志愿者进行富有成效的培训，可参考如下步骤：

（1）了解当地情况

在制定防震减灾志愿者培训计划、设计和组织之前，要充分了解受众地区的相关情况，例如：当地地理位置和自然情况、面临的主要致灾因子和灾害发生频率、过去灾害造成损失的程度、当地政府和相关机构在灾害预警、救助和恢复重建过程中扮演的角色、当地逃生手段和工程性减灾措施情况、当地居民应对灾害的意识和知识水平。可以以关注地震灾害为主，但是要兼顾其他灾害。

（2）确认当地资源

只有全面了解当地具备的条件和可利用的资源，才能确保培训顺利有效地开展。一般应了解以下信息：防震减灾志愿者的参与和支持力度、吸收当地居民作为老师的可能性、当地政府支持的力度、适合多数志愿者参加的培训场所的选择、根据当地实际情况编写或选购适合的培训教材。

（3）培训课程设计

在完成了以上两个步骤后，培训者应该集中精力开展培训课程设计。培训的方法和教材应该是防震减灾志愿者可以接受的。

在培训过程中，应充分调动志愿者参与的积极性，鼓励提问和经验介绍。

课程设计过程中应该注意：单次参加培训人数应控制在30人左右为宜；培训时间应适宜，不要影响到居民的正常生活；多采用小组活动和分享经验形式；确认哪些是最应接受培训的对象和争取获得当地政府的支持。

有条件的情况下，可到专业培训基地或培训机构进行培训。

（4）进行内容全面、方式灵活的培训

对防震减灾志愿者的培训应包括下列内容：

①防震减灾基本知识。包括：地震科普知识，本地区地震环境和地震活动特点，国家有关防震减灾的方针、政策和法律、法规等。

②应急与救援知识。包括避险与疏散、自救互救、医疗救护和卫生防疫、地震次生灾害防控等。

③地震应急救援技能。应急包括被埋压时的自救，幸存者的搜索、营救和急救，防火与灭火，简易防护器材的制作和使用等；急救技能包括：止血、包扎、固定、搬运以及人工心肺复苏等方面的基本医疗救助方法。

培训的目的是改变防震减灾志愿者对待灾害的行为方式，因此，在培训过程中应采取多种方式和技巧。例如：在课程开始前进行课程总体介绍，创造并始终保持一种公开自由和愉快的培训环境，开展模拟游戏和组织实地考察，对当地资源的长处和不足进行讲解，要求参与者自己决定如何增强力量克服困难和寻找机会等。尤其是要清楚地介绍当地的地震灾害及可能的次生灾害情况，并详细讲解应对策略。

（5）培训效果评估和总结

培训结束后，应从培训数量和质量两个方面进行效果评估。

评估可以通过多种方式，例如：通过基本技能考核、座谈、交谈或调查问卷，了解志愿者对培训效果的看法，征求对今后改进培训内容和方式方面的建议。

培训结束后，组织者就上述五个步骤进行全面总结，包括成功的经验和失败的教训，并分析其原因，为今后的培训积累经验。

◇防震减灾志愿者如何富有成效地开展活动

防震减灾志愿者开展各项活动，其根本目的在于降低地震等灾害事件造成的人身伤亡和财产损失。要按照"预防为主、防御与救助相结合"的方针，坚持以人为本的原则，把救助人的生命放在首位；并紧紧围绕这一主题，开展各项工作，制定相关制度，如学习、培训、演练、宣传等活动制度，以达到提高防震减灾志愿者工作水平的目的。

（1）增大宣传力度，扩大宣传领域

防震减灾志愿者首先是宣传员。在日常生活中，要利用自己的接触面向周围群众宣传防震减灾知识，提高群众的防震减灾意识，掌握灾害发生后避险及自救互救技能。在进行宣传时要有针对性。宣传对象要力争普及到社区的每个居民，同时要加强与社区治安联防队、社区卫生服务站的沟通联系，把防震减灾工作落到实处；遇有险情，及时报警、组织抢险和救治伤员。在宣传内容上，应注重加强灾害预防和突发灾害事件发生后应急措施的宣传，包括地震、埋压、用电、防火、燃气、化学事故、食物中毒、传染病等。在宣传形式上，可采用公示栏、黑板报、宣传单、展板、解说、回答咨询等方式。志愿者队伍公开性的训练、演练，也是很好的宣传方式。

（2）加强志愿者队伍的训练和演练，满足应急救援的需要

防震减灾志愿者队伍要想成为一支素质高、行动快、能力强的应急救援队伍，加强自身训练和演练是必不可少的。要根据辖区内多发易发的地震及地震次生灾害风险，针对监测预警、抢险救援、转移安置、应急保障、医疗防疫等重点环节，因地制宜、注重实效，广泛组织开展演练活动，切实增强志愿者队伍的实战能力。

训练与演练应包括下列内容：

①人员疏散训练与演练。包括熟悉社区人员居住分布情况、避难场所分布、疏散集合地点、疏散路线等。

②自救互救训练与演练。包括熟悉社区的建筑物分布和结构，布置警戒线方法，设置被压埋人员所处位置标志的方法，练习被埋压时的自救方法，练习营救办法。

③急救处理训练与演练。包括急救药物的使用方法，消毒、包扎、止血、固定以及人工心肺复苏等简易急救方法。

④防止次生灾害训练与演练。包括熟悉社区内电闸、燃气及水阀门、消防栓、危险源分布和具体位置。关闭电闸、燃气及水阀门，使用灭火器等方法。

还可经常以邀请专家举办知识讲座、组织参观专业队伍训

练、组织观摩专业救援队伍模拟演练、队伍之间相互交流座谈、参加正规的技能培训、进行适当的体能锻炼等形式进行，使防震减灾志愿者队伍真正成为能够招之即来、来之能战、战之能胜的救援队伍。

（3）制定志愿者队伍应急预案，以备不时之需

应急预案是针对灾害事故而制定的应急计划，对于多种突发性灾害事件的灾后行动有很强的指导作用。由于地震等灾害事件的突发性、危害性特别大，给救援工作带来极大的难度，因此要预先准备。平时认真研究对策，预先制定应急行动方案，并据此开展预防工作；一旦发生地震等灾害事件，就能够快速、有效地实施应急行动。

预案制定的内容要符合客观实际。预案的具体内容应当包括街道社区的地理位置、居民分布、重点目标及危险源分布、救援力量布置，灾害事件发生后防震减灾志愿者队伍的组织协调、职责分工和任务部署，人员疏散方案、疏散路线，灾害事件预想及应急处置方案等。

预案的制定要突出实用性，同时具有全面性、针对性等特点。实用性就是要符合客观实际，具有适用性和实用性，便于操作；切忌华而不实，走形式过场。全面性就是要充分考虑到各种情况下所采取相应的措施。针对性就是要对灾害危害源和重点防御目标进行重点防御。此外，预案一经制定，就要严格遵守并认真贯彻实施。

（4）组织适当的应急演练

预案制定以后，只有经过演练才能检验是否合理。演练的目的在于加强防震减灾志愿者对应急技能的熟知程度，同时验证预案的可行性和可操作性。通过演练来发现预案中的不足，

改正错误，弥补漏洞。

演练应当模拟特殊灾害事件发生后特定条件下的灾后救助行动。演练对防震减灾志愿者来说是一次全面提高技能的训练过程。通过演练能锻炼队伍、使志愿者掌握科学有效的工作方法，增强社区应急志愿队伍的凝聚力和战斗力。

（5）协助专业救援队伍做好灾后应急救援工作

经过专业培训的防震减灾志愿者已经掌握了一定的救援技能，是社区灾害事件应急的先行兵。

在灾害事件发生后，防震减灾志愿者应当充分发挥自身的作用，帮助社区居民积极开展自救互救工作。在灾害事件处理过程中，充分发挥专业救援队伍后备军的作用，严格遵守现场救援的规章制度，配合公安、消防部门维持秩序。协助公安、消防和地震专业救援队伍疏散群众，对被困和被埋压人员实施救助，努力做好力所能及的善后工作。

向志愿者普及基本的防震减灾知识

地震和刮风、下雨一样属于自然现象，不要过分恐慌。为了减轻地震灾害，学习一些必要的避震知识是非常必要的。在现实生活中，有很多由于人们不理解自然现象，采取不适当的行动，而导致灾害扩大的例子。做为防震减灾志愿者，把学习和掌握防震减灾知识当作一项安全保障认真对待，做到不杞人忧天，但要懂得未雨绸缪，这样不仅可以保护自己，在关键的时候还能帮助其他人。

◇地震是地球上经常发生的自然现象

我们常说"天灾人祸"。顾名思义，"天灾"就是"自然灾害"，即由自然现象引起的灾害。"人祸"就是"人为灾害"，是由人的行为引起的灾害。一般来讲，"自然灾害"是不可预防的，而"人为灾害"是可以预防的，但是两者既有区别又有联系，界限不是很明确。地震灾害属于自然灾害，但是，如果地震发生在无人区，没有人会受到伤害，也不能称之为灾害。只有当地震发生于人类居住地并造成人员伤亡或经济（财产）损失时，才被称作是地震灾害。我们生活的地球是一个充满活力的星球，自45亿年前诞生起，它的内部和表面就在不停地运动、变化和调整着，地震就是这个过程中的伴生现象之一。

像刮风、下雨、滑坡、火山爆发一样，地震是地球上经常发生的自然现象。实际上，全球每年发生的地震约有500多万次，我们脚下每天都有成千上万次地震发生。其中对人类造成严重危害的破坏性地震年均仅十几次，绝大多数地震是我们感觉不到的微小地震。

尽管破坏性地震所占比例很小，却会给人类造成大量的人员伤亡和巨大的经济损失。破坏性地震会使没有抗震设防的房屋破坏甚至倒塌。地震灾害调查表明，人员的伤亡和80%以上的地震直接经济损失，主要是由于房屋破坏造成的。由于地震的突发性和能量的高度集中释放，在极短的时间内使房屋破坏或倒塌，人们往往因为来不及逃离而造成伤亡。仅在20世纪，地震在全球范围内大约造成100多万人死亡，其中我国死于地震的人数高达55万，占全球地震死亡人数的一半以上。

我国地处环太平洋地震带与欧亚地震带的交汇部位，受太平洋板块、印度洋板块和菲律宾海板块的挤压，地震断裂带十分发育，地震频发并且灾害严重。20世纪全球发生的两次伤亡最多的强烈地震都发生在我国。一次是1920年12月16日宁夏海原8.5级地震，造成23.55万人死亡；另一次是1976年7月28日河北唐山7.8级地震，造成24.2万人死亡。历史上死亡人数最多的一次地震也发生在我国：1556年1月23日，陕西华县发生8.5级地震，造成83万人死亡。

破坏性地震在导致大量人员伤亡的同时，还会造成巨大的经济损失。1976年唐山大地震，使一座百万人口的大城市成为一片废墟。地震导致房屋倒塌529万间，列车出轨，桥梁坍塌，供水、供电、交通、通信等城市生命线系统破坏，总经济损失130多亿元人民币。

对地球来说，地震只不过是像人类呼吸或者是心脏跳动一样的日常现象。引起灾害的自然现象中，我们经常可以看到某种程度的周期性，但是100年或者是1000年对地球来说只属于误差的范围。因此，重要的是，不去根据它的周期性而想当然地认为"几年内没有问题"，而是以"总会要来"的态度去认真对待。

随着经济发展和科学技术的不断进步，我们会更深入地认识地震这种自然现象，同时也会不断提高抵御地震灾害的能力，减轻地震造成的破坏。

◇地震究竟是怎么回事

在人类社会发展的过程中，地震灾害始终伴随左右，人们对于地震也在不断地认识和探索。不同时代、不同地区的人们根据自己的认知能力及当时的社会背景，对地震这种奇特而又可怕的现象进行了多种多样的阐释。在古代，人们对于地震发生原因的认识基本是主观的推测或臆断，往往带有神秘和宿命色彩，有许多神话和传说流传至今。

根据我国古代民间传说，地底下住着一条驮着大地的大鳌鱼，时间长了大鳌鱼就要翻一下身，大地便会随之颤动。

日本古书中则把地震与传说中背负着日本国土的鲶鱼联系起来，当这条鲶鱼发怒时，尾巴和鳍一动就造成了地震。

世界上类似的传说还有很多。古希腊神话中，海神波塞冬是主管地震的神，还有一个泰坦巨人族，当它们从沉睡中醒来，大地便为之震颤；南美一些国家也流传着支撑世界的巨人身子一动，便引发地震的说法。

地震的发生自古便引起了人们的关注。我国的地震记载始于 4000 多年前，史籍记载的最早地震是舜帝时代（公元前 23 世纪）在永济西南蒲州（现在山西省境内）发生的地震。在我国最早的编年史《竹书纪年》中也有"夏帝发七年泰山震"（公元前 1831 年）的记载。

到了宋代，我国已有了真正的地震汇编资料，李日方等人编写的《太平御览》中，记载了自周朝至隋朝共 45 次历史地震事件。而我国历史地震资料收集最多的是中国科学院 1956 年出版的《中国地震资料年表》，该书内含经过考核的历史地震资料 1 万多条，为后来的地震研究提供了充足的依据。

那么，地震究竟是怎么回事呢？

现今被广为接受的地震发生的原理，是在对 1906 年圣安德列斯地震的研究过程中确立的。1906 年以前，研究人员在跨被圣安德列斯断裂切过的区域做了两组三角测量：一组在 1851—1865 年，另一组在 1874—1892 年。美国工程师里德注意到，到 1906 年的 50 年期间断裂对面的远点移动了 3.2 米，断裂西侧向北北东方向运动。当这些测量数据与地震后测量的第三组数据比较时，发现地震前和地震后，平行于圣安德列斯断裂的破裂，都发生了明显的水平剪切。

自里德的工作之后，地震学界普遍认为，天然地震是地球上部沿着某一地质断裂发生突然滑动而产生的。这种滑移沿断面扩展，这种滑移破裂传播的速度小于周围岩石中的地震剪切波波速。存储的弹性应变能，使断裂两侧岩石回跳到大致未应变的位置。这样，至少在大多数情况下，变形的区域越长、越宽，释放的能量就越多，构造地震的震级也将越大。

自从 1906 年地震之后，肯定了"弹性回跳"作为构造地震的直接原因。像钟表的发条上得越紧一样，岩石的弹性应变越大，存储越大的能量，当断裂破裂时，储存的弹性能迅速释放，部分地成为热，部分地成为弹性波，这些波就构成地震。

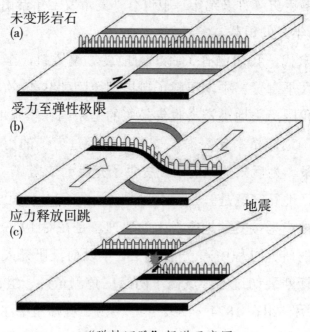

"弹性回跳"假说示意图

通俗地说，"弹性回跳"假说认为，地震的发生，是由于地壳中岩石发生了断裂错动，而岩石本身具有弹性，在断裂发生时已经发生弹性变形的岩石，在力消失之后便向相反的方向整体回跳，恢复到未变形前的状态。这种弹跳可以产生惊人的速度和力量，把长期积蓄的能量于霎那间释放出来，造成地震。

这就好比用力掰一根木板，当弯曲程度超过它的弹性极限时，木板就会突然折断，并在断开的两端发生振动。地壳发生断裂，也是因为受到了外力的作用。至于这种力的来源，还要从地球的板块构造谈起。

简单地说，地球上有六大板块，分别是太平洋板块、亚欧板块、非洲板块、美洲板块、印度洋板块（包括大洋洲）和南极洲板块。此外还有众多小板块，它们覆盖着地球，使得地球看上去有些类似于布满裂缝的鸡蛋壳。这些板块并非静止不动，而是始终处于挤压、推拉的状态，这种状态下产生的力，就是使地壳发生断裂的力。在这种力的作用下，板块会以每年几厘米的速度缓慢地移动。这种构造运动使地壳中一些较为软弱的局部出现弹性应变。随着时间的推移，弹性应变逐渐累积，大量的弹性应变能在此积聚。当积累的能量超过地壳的承受能力时，地壳便发生破裂，形成地震。

大地震的发生与板块弹性回跳密切相关，但板块弹性回跳不是造成地震的唯一原因。地壳断层引起的扩张、收缩、上升、下降和横向剪切滑动等运动，都可能产生地震。

◇大陆漂移和板块构造说

如果你仔细观察一下世界地图，就会发现，南美洲的东海岸与非洲的西海岸是彼此吻合的，好像是一块大陆分裂后、南美洲漂移出去后形成的。1620 年，英国著名哲学家弗朗西斯·培根就指出过这个事实。

在学术界最具影响的大陆漂移说，是奥地利气象学家魏格纳提出的。他为了解释古气候的问题，于 1915 年发表了《大陆及海洋的起源》，充分论述了大陆漂移的证据。他认为，地球上所有大陆在中生代以前曾经是统一的巨大陆块，称之为泛大陆或联合古陆。中生代开始，泛大陆分裂并漂移，逐渐达到现在的位置，形成现在的七大洲四大洋。

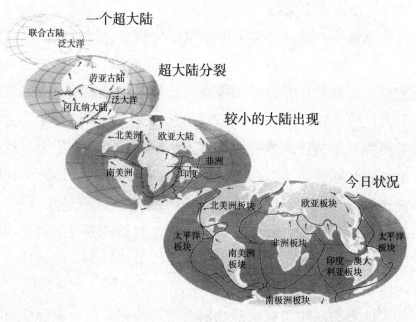

大陆漂移学说图示

魏格纳的理论遭到了当时学术界激烈的反对和攻击。20 世纪 30 年代初，大陆漂移说已几乎销声匿迹。

20 世纪 60 年代末，随着海洋地球物理调查的开展，一度沉寂的大陆漂移说以洋底扩张的形式东山再起，这就是板块学说。

这种学说认为，地球的表面，是由厚度大约为 100—150 千米的巨大板块构成，全球岩石圈可分成六大板块，即太平洋板块、印度洋板块、亚欧板块、非洲板块、美洲板块和南极洲板块。其中只有太平洋板块几乎完全在海洋，其余板块均包括大陆和海洋，板块与板块之间的分界线是海岭、海沟、大的褶皱山脉和大断裂带。

板块与板块之间的交接处便是当今构造运动最活跃的地方。已知主要有三种活动方式：

一种是相邻板块互相背向而行，大洋中脊便是相邻板块背向而行的产物，这里也是新地壳诞生的地方。

再一种是相邻板块相向而行，其结果将使两板块发生碰撞。这时，如果一方是海洋板块，一方是大陆板块，则海洋板块将向大陆板块的下方俯冲，俯冲处便形成了海洋中最深的海沟。而大陆板块的边部则被迫突起，形成沿海的山脉，如环太平洋的山系。如果相撞的两板块都是大陆板块，则会在碰撞处形成高高崛起的山脉，如喜马拉雅山便是印度洋板块与亚欧板块碰撞的产物。

板块之间的第三种活动方式，是相互擦肩而行，好比本是停靠在一个车站的火车，正沿着相邻的平行轨道向着相反方向运行一般。位于美洲西部，南起加利福尼亚湾，大致平行于海岸线向北西延伸的圣安德列斯大断层便是这种例子。原本1千多万年前紧紧相邻的两侧岩石，现在已南北相距400—500千米。

板块构造说还认为，板块不是永恒不变的。两个板块会因互相碰撞、焊接缝合而成为一个板块。另一方面，原本的一个板块也会因破裂和沿开裂处扩张而演化成为两个板块。如分布于非洲东部的由一系列深水湖构成的所谓"东非裂谷带"，就是正在孕育的分裂板块的胚胎期。当其进一步演化发展便会形成如红海、亚丁湾那样狭长的海域，成为新大洋的幼年期。再进一步便发展成像大西洋那样的成年期。然后是太平洋所代表的衰退期，也就是说这时大洋的扩张基本结束，开始走向收缩。接下去便发展成为像地中海那样的终了期，洋盆面积进一步缩小。最后便导致两岸大陆的碰撞，形成山系，留下标志两大陆碰撞结合的"缝合线"，如喜马拉雅山脉。

◇防震减灾志愿者应掌握的几个基本概念

防震减灾方面的概念很多，为了便于开展工作，志愿者至少要了解和掌握如下一些最基本的概念：

（1）发震时刻

发生地震的开始时间称为发震时刻。它和地震的发生地点和地震的强度一起称为地震的三个基本要素。国际上使用格林尼治时间，中国使用北京时间标示。2008年汶川地震的发震时刻是5月12日北京时间14时28分04秒。现代地震目录中给出的地震的发震时刻，通常是通过分析地震所在区域台网记录所计算出来的结果。

（2）地震的强度

当前对于地震强度的表述方法，主要有两类：震级和烈度。

震级是表示地震本身大小的量度指标，目前比较常用的是里氏震级（Richter magnitude scale）和矩震级（Moment magnitude scale）。

按震级大小，可把地震划分为以下几类：

弱震——震级小于3级。如果震源不是很浅，这种地震人们一般不易觉察。

有感地震——震级等于或大于3级、小于或等于4.5级。这种地震人们能够感觉到，但一般不会造成破坏。

中强震——震级大于 4.5 级、小于 6 级。属于可造成破坏的地震，但破坏轻重还与震源深度、震中距等多种因素有关。

强震——震级等于或大于 6 级。其中震级大于等于 8 级的又称为巨大地震。

同样大小的地震，造成的破坏不一定相同；同一次地震，在不同的地方造成的破坏也不一样。为了衡量地震的破坏程度，科学家又"制作"了另一把"尺子"——地震烈度。地震烈度与震级、震源深度、震中距，以及震区的土质条件等有关。

一般来讲，一次地震发生后，震中区的破坏最重，烈度最高，这个烈度称为震中烈度。从震中向四周扩展，地震烈度逐渐减小。所以，一次地震只有一个震级，但它所造成的破坏，在不同的地区是不同的。也就是说，一次地震，可以划分出好几个烈度不同的地区。这与一颗炸弹爆后，近处与远处破坏程度不同的道理一样。炸弹的炸药量，好比是震级；炸弹对不同地点的破坏程度，好比是烈度。

我国把烈度划分为 12 度（通常用罗马数字表示），不同烈度的地震，其影响和破坏大体如下：

小于Ⅲ度——人无感觉，只有仪器才能记录到；

Ⅲ度——悬挂物轻微摆动，在夜深人静时人有感觉；

Ⅳ—Ⅴ度——大多数人有感，睡觉的人会惊醒，吊灯摇晃；

Ⅵ度——人站立不稳，器皿倾倒，房屋轻微损坏；

Ⅶ—Ⅷ度——房屋受到损坏，地面出现裂缝；

Ⅸ—Ⅹ度——房屋大多数被破坏甚至倒塌，地面破坏严重；

Ⅺ—Ⅻ度——房屋大量倒塌，地形剧烈变化，毁灭性的破坏。

（3）震源

地球内部发生地震的地方叫震源，也称震源区。它是一个区域，但研究地震时，常把它看成一个点。

（4）震源深度

如果把震源看成一个点，那么这个点到地面的垂直距离就称为震源深度。

按照震源深度的不同，地震可划分为如下几类：

浅源地震——震源深度小于60千米的地震，也称为正常深度地震。世界上大多数地震都是浅源地震，我国绝大多数地震也为浅源地震。

中源地震——震源深度为60—300千米的地震。

深源地震——震源深度大于300千米的地震。目前世界上记录到的最深的地震，震源深度约为700多千米。

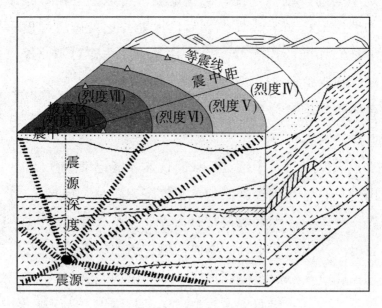

震源、震中和震中距示意图

有时也将中源地震和深源地震统称为深震。

同样大小的地震，震源越浅，所造成的影响或破坏越重。

（5）震中

地面上正对着震源的那一点称为震中，实际上也是一个区域，称为震中区。

（6）震中距

在地面上，从震中到任一点的距离叫做震中距。

一次地震，在不同的地方观察，震中距是不一样的。地震可按震中距不同分为三类：

地方震——震中距小于100千米的地震。

近震——震中距为100—1000千米的地震。

远震——震中距大于1000千米的地震。

显然，同样大小的地震，在震中距越小的地方，影响或破坏越重。

（7）地震波

地震时，振动在地球内部以弹性波的方式传播，称作地震波。这就像把石子投入水中，水波会向四周一圈一圈地扩散一样。

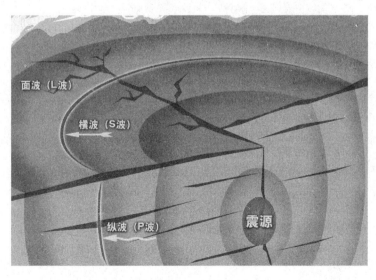

常见的地震波

按传播方式，常见的地震波可分为三种类型：纵波、横波和面波。

◇根据成因区分常见的地震类型

划分地震种类的方法很多。根据地震的成因，常见的地震可分为构造地震、火山地震、塌陷地震、水库地震和人工地震等等。

（1）构造地震

构造地震也被称作"断层地震"，是由地壳（或岩石圈，少数发生在地壳以下的岩石圈上地幔部位）发生断层而引起。地壳（或岩石圈）在构造运动中发生形变，当变形超出了岩石的承受能力，岩石就发生断裂，在构造运动中长期积累的能量迅速释放，造成岩石振动，从而形成地震。

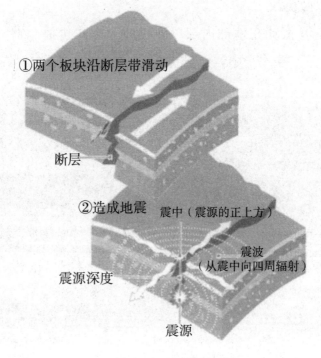

构造地震的成因

世界上90%左右的地震、几乎所有的破坏性地震都属于构造地震，包括大家熟知的1960年智利大地震、1976年唐山大地震、2008年的汶川大地震和2011年日本东海岸大地震等等。

构造地震活动频繁，余震大小不一，延续时间较长，影响范围最广，破坏性最大，因此，是地震研究的主要对象。

（2）火山地震

火山地震是由于火山活动时岩浆喷发冲击或热力作用而引起的地震。这类地震为数不多，数量约占地震总数的7%左右。

火山地震

虽然火山喷发和地震都是岩石中构造力作用的结果，但它们并不一定同时发生。与火山活动相关发生的地震称作火山地震。这类地震可产生在火山喷发的前夕，也可在火山喷发的同时。这类地震震源深度一般不超过10千米，常限于火山活动地带，多属于没有主震的地震群型，影响范围小。

（3）塌陷地震

塌陷地震是因岩层崩塌陷落而形成的地震。主要发生在石灰岩等易溶岩分布的地区。这是因为易溶岩长期受地下水侵蚀形成了许多溶洞，洞顶塌落，造成地震。此外，高山上悬崖或山坡上大岩石的崩落，也能形成这类地震。

1974年4月23日，在秘鲁沿曼塔罗河一次滑坡，造成了相当于一次4.5级地震的地震波。体积大约1.6立方千米的岩石滑动了7千米，致使约450人死亡。这次滑坡并非由邻近的构造地震驱动，而是由于山体的失稳。部分重力位能在土壤和岩石的快速向下运动时转化成地震波，并被上百千米以外的地震台清楚地记录到。一台80千米以外的地震仪记录到3分钟的地动。这个摇动持续时间是与地滑的速度和范围相一致的。

塌陷地震只占地震总数的3%以下，且震源浅，震级也不大，影响范围及危害较小。但在矿区范围内，塌陷地震也会对矿区人员的生命造成威胁，并直接影响矿区生产。因此，对这类地震也应加以研究和防范。

（4）水库地震

在原来没有或很少地震的地方，由于水库蓄水引发的地震称水库地震。

并不是所有的水库蓄水后都会发生水库地震，只有当库区存在活动断裂、岩性刚硬等条件，才有诱发的可能性。水库地震大都发生在地质构造相对活动区，且均与断陷盆地及近期活动断层有关。

水库地震一般是在水库蓄水达一定时间后发生，多分布在水库下游或水库区，有时在大坝附近。发生的趋势是最初地震小而少，以后逐渐增多，强度加大，出现大震，然后再逐渐减弱。

水库地震震源深度较浅，震级也不是很高，以弱震和微震为主，最大的震级目前不超过 6.5 级。

（5）人工地震

人工地震是指核爆炸、工程爆破、机械震动等人类活动引起的地面震动。

这类地震通常可用来研究地震波的传播规律，勘察地下构造，进行相关科研等。

◇地震不同于其他自然灾害的独特性

地震造成的危害不仅取决于地震的强度、震源深度及地震本身的其他要素，还与震中位置、发震时间、地质背景及受灾地区的工程、水文地质和地貌条件，与建筑物的结构、材料及施工等情况有关，并因上述各因素的不同组合造成种类不同、形式各异的灾害。就各种自然灾害所造成的死亡人数而言，全世界死于地震的占各种自然灾害死亡总人数的 58％。地震以其突发性及释放的巨大能量在瞬间造成大量建筑物和设施的毁坏而成灾，因而使人们对地震产生了一定的恐惧心理，甚至在某些人群中几乎是"谈震色变"。确实，和其他自然灾害相比，地震灾害的确有很多特点：

（1）瞬间突发性

通常，震源的形成十分短暂。内陆大地震的破裂面大约几十千米（如炉霍 7.6 级、通海 7.7 级地震等）到几百千米（如昆仑山口西 8.1 级地震等）长，地震破裂的扩展速度大约每秒几千米，这样，一次 7—8 级地震的震源的形成，一般只需几十秒，最多到 100 多秒。而且，由于地震波传播速度很快，也是每秒几千米，比破裂扩展速度还要快一点，内陆强震造成严重破坏主要在几千米到几十千米的范围里。从地震发生到城市建筑物开始振动，在大多数的情况下，也只需几秒到十几秒的时间。建筑物在经受如此巨大的震动时，经不住几个周期（震中距为几十千米的地震波周期一般仅零点几秒），作用力已超过建筑物的抗剪强度，遭到破坏，甚至倒塌。因此，不少灾害突然发生，都会让人感到祸从天降，不知所措。而遇到地震灾害时，这种感觉最强烈。发生大地震，顷刻之间，房倒屋塌，一座城市变成一片废墟。

地震灾害的瞬间突发性是其他任何自然灾害不能比拟的。旱涝等气象灾害是出现比较频繁的自然灾害。天不下雨，要持续几十天才能形成旱灾。由于干旱引起的森林火灾，更要长时间干旱才会出现。暴雨成灾，至少也要在当地持续下几小时特大暴雨。上游暴雨，洪峰更要经过几天时间，才可能到达并对中下游的城镇和农田构成水灾威胁。滑坡、泥石流虽有较强突发性，但往往伴随在暴雨或地震之后，而且，常常会先有地裂、轻微滑动等先兆……比较起来，地震灾害形成过程更快，瞬间突发性更显著。况且，滑坡、泥石流灾害的损失和影响也是无法与大地震灾害相比的。

（2）灾害重，死亡人数最多

强震释放的能量是十分巨大的。一个5.5级中强震释放的地震波能量，就大约相当于2万吨TNT炸药所能释放的能量。或者说，相当于二次大战末美国在日本广岛投掷的一颗原子弹所释放的能量。而按地震波能量与震级的统计关系，震级每增大1级，所释放的地震波能量将增大约31倍。一次七八级强震的破坏力之大，可想而知。

如此巨大的地震能量瞬间迸发，危害自然特别严重。相对于其他自然灾害，死亡人数之多，是地震灾害更为突出的特点。仅 20 世纪以来 100 多年时间里，死亡人数超过 20 万的地震就有 3 次：1920 年宁夏海原 8.5 级地震造成 23.5 万人死亡，1976 年唐山 7.8 级地震死亡 24.2 万人，2004 年印尼苏门答腊 9.0 级地震死亡 28 万人。

地震由于突发性强、伤亡惨重、经济损失巨大，它所造成的社会影响也比其他自然灾害更为广泛、强烈，往往会产生一系列的连锁反应，对一个地区甚至一个国家的社会生活和经济活动会造成巨大的冲击。它波及面比较广，对人们心理上的影响也比较大，这些都可能造成较大的社会影响。

（3）地震灾害分布具有不均匀性

世界强震主要分布在环太平洋地震带和地中海—南亚地震带。其中不少大地震发生在远离城市的海沟或荒无人烟的高原山区，如果不引起海啸，这些地震不会造成很有影响的灾害。因此，世界地震灾害主要分布在环太平洋带沿岸和地中海—南亚地震带及其附近人口相对密集、经济比较发达的地区。

我国强震频度西部显著高于东部，而造成死亡人数超过万人的地震，以华北与西北的东部居多。青藏高原及其附近荒无人烟的断裂带发生的大地震，也不会造成大量人员伤亡或巨大经济损失。死亡人数超过 20 万的 4 次地震（唐山地震、海原地震、华县地震和 1303 年 9 月 25 日山西洪洞 8 级地震），都发生在华北。或者说，发生在古代的中原地区及其附近。因为这里历史悠久，从古代起就人口密集，经济、文化发达，遭遇大地震时，其灾害就特别严重。

（4）震害损失和经济发展程度密切相关

通常，经济越发展，城市化程度越高，地震可能造成的灾害越严重。

昆仑山口西 8.1 级地震的震级比唐山 7.8 级地震的大，造成的地震破裂带相比也要长得多，但造成的灾害损失却小得没法比。为什么？就因为震中地区的经济发展水平差异比较大。前者是荒无人烟的高原，后者是大型工业城市。

又如，美国洛杉矶附近曾于 1971 年和 1994 年先后发生 6.6 级和 6.8 级地震，两次震级差不多大小的地震几乎发生在同一地点，但 1971 年地震造成的经济损失为 5 亿美元，而 1994 年地震造成的经济损失却高达 170 多亿美元。其主要原因就在于从 1971 年到 1994 年该地区经济和社会财富有了巨大增长。

中国目前属于全球经济增长最快的国家，也是城市化速度最快的国家之一。现在或今后发生地震，可能遭受的灾害将比以前严重得多。

（5）地震灾害的轻重和场地条件关系很大

许多震害现场调查表明，场地条件对建筑物震害轻重影响很大。所谓场地条件，一般指局部地质条件，如近地表几十米到几百米的地基土壤、地下水位等工程地质情况、局部地形，以及有无断层带通过等。

一般来说，软弱地基与坚硬地基相比，自振周期长、振幅大、振动持续时间长，震害也就重，容易产生不稳定状态和不均匀沉陷，甚至发生液化、滑动、开裂等更严重的情况，致使地基失效。地基和上部建筑结构是相互联系的整体，地基土质会影响上部结构的动力特性。有专家做过对比研究，在厚的软弱土层上建造的高层建筑的地震反应，比在硬土上的反应大 3—4 倍。

地下水位高的松散砂质沉积地基，遭遇地震更容易发生砂土液化，出现喷水冒砂现象，地面上的房屋可能由于地面不均匀下沉而倾斜。

如果发震断层从工程场地通过，造成破坏的力不只来自震动，断层位错本身就会引起地基失效，造成各种破坏。至于非发震断层情况则不同，没有错断和撕裂的危险，主要是断裂破碎带对地基场地条件的影响。

在地震现场宏观调查中常发现，在孤立突出的小山包、小山梁上的房屋的震害要重一些。也有人发现，在山坳里的房屋的震害可能轻一点。

（6）次生灾害种类繁多

地震瞬间巨大作用力，不仅可能直接摧毁建筑物，造成严重的直接灾害，还可能引起很多种次生灾害，如滑坡、泥石流、火灾、水灾、瘟疫、饥荒等。由于生产设施和交通设施受破坏造成的经济活动下降，甚至停工停产等间接经济损失，以及因为恐震心理、流言蜚语及谣传引起社会秩序混乱和治安恶化造成的危害等，也可列为地震次生灾害。

这些次生灾害之间还可能有因果关系。也就是说，有的次生灾害还可能造成再下一个层次的次生灾害。例如，如果地震引起的滑坡、泥石流堵塞了江河后形成的堰塞湖被冲决，又可能导致水灾。

比如，1786年6月1日四川康定南7.5级地震，大渡河沿岸山崩引起河流壅塞，断流10天后突然溃决，水头高10丈的洪水汹涌而下，淹没百姓超过10万人，这个是"地震—滑坡—水灾"灾害链的典型例子。

地震灾害，无论是直接灾害，还是次生灾害，只要涉及电力和油、气等能源设施，供水和排水设施，公路和铁路等交通设施，以及通信设施等支撑城市中枢机能和居民日常生活的生命线工程，损失就格外严重。

铁路、公路及其桥梁遭受地震破坏，不仅阻碍客货运输，造成巨大的间接经济损失，而且，更严重的是这严重影响抗震救灾工作顺利开展。

（7）灾害程度与社会和个人的防灾意识有关

众多震害事件表明，全社会在地震知识较为普及、有较强防灾意识的情况下，可大幅度减少地震发生后造成的灾害损失；相反，则会明显加重灾情，并造成很多本不该发生的或完全可以避免的人身伤亡。1994年9月16日台湾海峡7.3级地震，粤闽沿海震感强烈，伤800多人，死亡4人。此次地震，粤闽沿海地震烈度为Ⅵ度，本不该出现伤亡，伤亡者中的90%是因缺乏地震知识，震时惊慌失措、争先恐后、拥抢奔逃致伤致死。如广东潮州饶平县两所小学，就是因学生在奔逃中拥挤踩压，造成伤202人，死1人的严重后果；同次地震，在福建漳州，由于该地中小学校都设有防震减灾课，因而临震不慌，同学们在老师指挥下迅速避震于课桌下，无一人伤亡。因此，加强防震减灾宣传，提高人们的防震避震技能具有非常重要的意义。

◇ 20世纪以来发生在中国的部分大地震

有史料记载以来，中国地震中死亡人数最多的一次地震是陕西华县地震，发生于明嘉靖三十四年十二月十二日（1556年1月23日）。据《明史·五行志》记载，这次地震至少造成了83万人死亡（"官吏军民压死八十三万有奇"）。估计这次地震的震级约有8级或更大。自20世纪以来，发生在我国境内的造成重大人员伤亡或影响较大的地震，也超过了10次。

1920年12月16日20时5分53秒，中国宁夏海原县发生8.5

级强烈地震。死亡 24 万人，毁城四座，数十座县城遭受破坏。

1927 年 5 月 23 日 6 时 32 分 47 秒，中国甘肃古浪发生 8 级强烈地震。死亡 4 万余人。地震发生时，土地开裂，冒出发绿的黑水，硫磺毒气横溢，熏死饥民无数。

1932 年 12 月 25 日 10 时 4 分 27 秒，中国甘肃昌马堡发生 7.6 级大地震。死亡 7 万人。地震发生时，有黄风白光在黄土墙头"扑来扑去"；山岩乱蹦冒出灰尘，中国著名古迹嘉峪关城楼被震坍一角；疏勒河南岸雪峰崩塌；千佛洞落石滚滚……频发的余震持续长达半年之久。

1933 年 8 月 25 日 15 时 50 分 30 秒，中国四川茂县叠溪镇发生 7.5 级大地震。地震发生时，地吐黄雾，城郭无存，有一个牧童竟然飞越了两重山岭。巨大山崩使岷江断流，壅坝成湖。

1950 年 8 月 15 日 22 时 9 分 34 秒，中国西藏察隅县发生 8.6 级强烈地震。喜马拉雅山几十万平方千米大地瞬间面目全非；雅鲁藏布江在山崩中被截成四段；整座村庄被抛到江对岸。

1966 年 3 月 8 日 5 时 29 分 14 秒，河北省邢台专区隆尧县发生 6.8 级地震；1966 年 3 月 22 日 16 时 19 分 46 秒，河北省邢台专区宁晋县发生 7.2 级大地震。两个大地震组成的邢台地震共死亡 8064 人，伤 38000 人，经济损失 10 亿元。

1970 年 1 月 5 日 1 时 0 分 34 秒，中国云南省通海县发生 7.7 级大地震。死亡 15621 人，伤残 32431 人。为中国 1949 年以来继 1954 年长江大水后第二个死亡万人以上的重灾。

1975 年 2 月 4 日 19 时 36 分 6 秒，中国辽宁省海城县发生 7.3 级大地震，造成 1328 人死亡。由于此次地震在一定程度上被成功预测、预报、预防，避免了更为巨大和惨重的损失，它因此被称为 20 世纪地球科学史和世界科技史上的奇迹。

1976 年 7 月 28 日 3 时 42 分 54 点 2 秒，中国河北省唐山市发生 7.8 级大地震。死亡 24.2 万人，重伤 16 万人，一座重工业城市毁于一旦，直接经济损失 100 亿元以上，为 20 世纪世界上人员伤亡最大的地震。

1976 年震后的唐山

1988 年 11 月 6 日 21 时 3 分、21 时 16 分，中国云南省澜沧、耿马分别发生 7.6 级（澜沧）、7.2 级（耿马）大地震。相距 120 千米的两次地震，时间仅相隔 13 分钟，两座县城被夷为平地，伤 4105 人，死亡 743 人，经济损失 25.11 亿元。

2008 年 5 月 12 日 14 时 28 分，四川省汶川县 (31.0°N, 103.4°E)，发生 8.0 级地震，直接严重受灾地区达 10 万平方千米。这次地震造成 69225 人遇难，374640 人受伤，失踪 18624 人。

◇为什么中国的地震灾害特别严重

我国地震活动有频次高、强度大、分布广的特点，在全球范围内的强震活动中也占有相当的比重。据统计，20 世纪在全球大陆地区的地震中，我国发生的强震所占的比例约为 1/4—1/3，因地震造成的死亡人数和灾害的损失占到了 1/2。可见，我国的地震灾害十分严重。

造成我国地震灾害严重的原因，首先是地震既多又强，而且绝大多数是发生在大陆地区的浅源地震，震源深度大多只有十几至几十千米。

其次，我国许多人口稠密地区，如台湾、福建、华北北部、四川、云南、甘肃、宁夏等，都处于地震的多发地区，约有一半城市处于基本烈度Ⅶ度或Ⅶ度以上地区。其中，百万人口以上的大城市，处于Ⅶ度或Ⅶ度以上地区的达 70%；北京、天津、太原、西安、兰州等大城市均位于Ⅷ度区内。

我国地震灾害严重的另一个重要原因，就是经济不够发达，广大农村和相当一部分城市建筑物的质量不高，抗震性能差。一次又一次的地震灾害充分证明了这一点。由于历史的原因，我国大部分城市的房屋抗震性能较差，1978 年以前，多数建筑工程未考虑抗震设防，使我国大部分城镇整体的抗震能力薄弱，存在很大的隐患，这也是为数不多的几次发生在城市的破坏性地震灾害严重的原因。

近年来我国城市快速发展，人口和财富高度集中，大批建造的新型建筑成为城市的主要景观，加上熙熙攘攘的人群，密如蛛网的道路，川流不息的车流，打造了一片繁荣的景象。但应该认识到，城市的高度集中化使城市中各个系统之间的相互关联愈加紧密，往往会牵一发而动全身，在突发灾害面前反而更为脆弱。从建筑单体看，新建建筑材料和结构形式要优于以往的旧建筑，但同时对设计、施工的要求更高，如果片面追求高速发展，疏于管理，不严格把好质量关，新建工程的抗震能力无法得到保证，一旦破坏造成的后果更为严重。我国大部分的村镇地区建筑仍以传统的土、木、砖、石为主，建筑的抗震能力更差，近几年发生的破坏性地震又多发生在经济相对落后的西北、西南等地区，因此建筑的破坏也更严重。这些地区地域辽阔，地震活动性强，未来发生破坏性地震的可能性仍然较高。

应该说，我国地震灾害严重还与民众对地震灾害的防范意识不强有很大关系。在我国经济发展的过程中，有相当长的一个历史阶段对于摆脱贫困、提高基本生活水平的要求高于一切，整个社会防灾意识的提高与经济的发展并不同步，甚至要落后许多。防灾意识淡薄、防灾知识缺乏会造成在地震来临时惊慌失措，无法展开有效的自救和互救，甚至会因为混乱造成更严重的灾害，由此引发一系列的社会问题。我国地震区分布广，涉及人口众多，面对我国地震活动频繁的现状，加强民众防灾教育是一项紧迫的任务。

目前，我国的抗震防灾体系和日、美等发达国家相比，还有相当的差距，如果发生同等强度的地震，可能造成的伤亡和损失会严重很多。整个社会防灾体系的建立和完善需要一个漫长的过程，不仅要有正确的防灾意识作为指导思想，还要有切实可行的法律、法规来保证其贯彻和实施，与技术经济水平相适应的技术标准体系也是重要的保障，同时，只有全民防灾意识的提高，才能真正提高我们抵御地震灾害的能力。

◇破坏性地震通常会引起哪些灾害

地震灾害是指由地震引起的强烈地面振动及伴生的地面裂缝和变形，使各类建（构）筑物倒塌和损坏，设备和设施损坏，交通、通讯中断和其他生命线工程设施等被破坏，以及由此引起的火灾、爆炸、瘟疫、有毒物质泄漏、放射性污染、场地破坏等造成人畜伤亡和财产损失的灾害。

造成重大损失的地震在全球并不少见，不管是国内还是国外，都屡有发生。2008 年 5 月 12 日 14 时 28 分，四川汶川—北川一带突发 8.0 级强震，大地颤抖，山河移位，满目疮痍……这是新中国成立以来发生在我国境内破坏性最强、波及范围最大的一次地震。此次地震重创约 50 万平方公里的中国大地。震中烈度最大达 XI 度，造成 69227 人遇难，374643 人受伤，失踪 17923 人。地震所造成的直接经济损失超过 8000 亿元人民币。

一旦发生破坏性地震，往往会引起各种灾害。从地震对社会和自然界造成灾害的相关程度和衍生性进行划分，地震灾害可分为直接灾害和次生灾害。此外，不可忽视的是，人们因对地震过度恐慌也会带来损失。

（1）直接灾害

由地震的直接作用，如地震波引起的强烈振动、地震断层的错动和地面变形等所造成的灾害，称为地震直接灾害。它主要包括建筑物破坏、生命线工程破坏和地面破坏等现象。强烈地震时，房屋等建筑物因强烈振动或地面变形会受到破坏，这是地震最普遍、最常见的现象。

对社会生活和生产有重大影响的交通、通讯、供水、排水、

地震的直接灾害

供电、供气、输油等工程系统称为生命线工程，它就像人体的血管和神经一样，非常重要。强烈地震可能使桥梁断裂、路面开裂下陷、铁路扭曲、电缆拉断、管道破裂，也可能使发电厂、变电站、水库、大坝、配气站、油库、自来水厂、电信局、电视台、电台等要害部门遭到破坏，从而使现代化的城市瘫痪。

地震常常会造成滚石、山崩、滑坡、地裂缝、地面鼓包、地基沉陷、沙土液化、喷沙冒水等地面破坏现象。地震时出现的地裂缝小的几十米、几厘米宽，甚至更小；大的可长达几十米，宽度从几厘米到几十厘米。这些地裂缝往往成组出现，按一定方向有规律排列，有时还伴随地面鼓包现象。地裂缝穿过的地方，可使屋倒墙裂，桥梁错断，公路铁路遭到破坏。

（2）次生灾害

由地震引发的火灾、水灾、海啸、有毒物质泄漏和疫病流行等灾害，称为地震的次生灾害。地震时，由于电线短路、煤气泄漏、油管破裂、炉灶倒塌等原因，往往会造成火灾。地震山崩堵塞河道，形成堰塞湖，会使上游一些地区被水淹没。一旦堰塞湖溃决，下游便会遭到严重水灾。另外，地震时如果水库大坝遭到破坏，也会造成水灾。

地震所诱发的次生灾害，有时甚至会超过直接灾害所造成的损失。

特别是对于人口稠密、经济发达的大城市，现代化程度越高，各种各样的现代化设施错综复杂，次生灾害也越严重。所以，大城市应该特别重视对次生灾害的防御。

比如，1923 年 9 月 1 日的日本东京大地震发生后，建筑物纷纷坍塌，同时引起了熊熊大火。东京这一古老的城市木屋居多，街道狭窄，消防滞后，结果使东京遭受了毁灭性的破坏。大火整整烧了三天三夜，直至烧光了所有的可燃物，全城 80% 的死难者被吞没于震后的大火中，全城 36.6 万户房屋被烧毁。火灾尚未停息，海啸引起的巨浪又接踵而来，摧毁了沿岸所有的船舶、港口设施和近岸房屋。这次大地震摧毁了东京、横滨两大城市和许多村镇，14 万多人死亡、失踪，10 多万人受伤，财产损失高达 28 亿美元。

（3）地震恐慌也会带来损失

重大地震灾难在给人们生命造成巨大伤害的同时，也给灾区人们的心理、精神造成严重损伤，引起社会心理的巨大震荡。

破坏性地震的突发性和巨大的摧毁力，造成人们对地震的恐惧。有一些地震本身没有造成直接破坏，但由于人们明显感觉到了，再加上各种"地震消息"广为流传，造成社会动荡而带来损失。这种情况如果发生在经济发达的大、中城市，损失会相当严重，甚至不亚于一次真正的破坏性地震。

如唐山地震后，地震谣言、谣传此起彼伏，我国东部地区大范围内群众产生普遍的恐震心理，在长达半年多的时间里，很多人不敢进屋居住，最多时约有 4 亿人住进防震棚，打乱了正常生产、工作和生活的秩序，给国家经济生活造成重大影响。

由于缺乏知识，轻信谣言，人们会因恐慌而停工、停产、停课；会到银行大量提款；会因成群外逃"避震"造成交通堵塞；甚至会引起交通事故、跳楼避险或互相挤踏造成伤亡。像北京、上海这样的现代化大都市，如果发生地震恐慌，仅停工一天，就会造成数亿元的经济损失。这类因地震恐慌而造成的社会"灾害"，越来越引起人们的广泛关注。

◇影响地震破坏程度的主要因素有哪些

地震所可能造成的破坏程度，主要与以下几个因素相关：

（1）地震震级、震源深度及震中距

地震的震级越高，释放出的能量越大，可能造成的灾害越重。震源的深度也是重要的影响因素，几乎所有的破坏性地震均属于浅源地震。对于震级相同的地震来说，震源越浅，震中烈度越高。震源较深时，地震的影响范围大，但震中烈度低。当震源很浅时，即使发震震级不大，也会造成严重的破坏。除可能出现的烈度异常区外，地震区的烈度一般随震中距的增大而降低，烈度由高到低大致呈同心圆形，建筑的震害也有明显的由重到轻的分布规律。

（2）场地条件

地震发生后，地震波由震源向地表传播，地震区的地形、地貌、岩土特性、地下水位情况及有无断裂带等因素都会直接影响地震波的传播。这种影响是综合而复杂的，一般来说，土质较软并且覆盖层厚、地下水位高、高耸突出、地形起伏较大及有断裂带通过的场地，地震灾害会明显加重。

构造地震的发生主要是由于活动断层的错动引起的，在强烈地震中，还会在发震的活动断层附近产生新的断层，活动断层错动处是能量释放的"爆点"，假如建筑建造在断层处及其附近，一旦发生破坏性地震，其破坏是不可避免的。

（3）人口密度和经济发展水平

人口密度的大小和经济发展水平的高低对震害的成灾程度有很大影响。通常情况下，经济发展水平高的地区一旦发生强烈地震，会造成严重的经济损失，但这种地区的建筑多数在设计建造时考虑了抗震设防要求，抵御地震的能力相对较强。所以，近年来发生在一些发达国家的破坏性地震往往经济损失的程度要远远大于人员伤亡。在人口密度高但经济欠发达地区，由于建筑标准低，抗震能力弱，一旦发生破坏性地震，人员伤亡通常较多，但经济损失相对较小。纵观近几十年来发生的较为惨重的破坏性地震，大部分集中在发展中国家，而当地震发生在这些国家人口集中的城市地区时，人员伤亡和经济损失都很巨大。

（4）建筑工程质量及抗震防御措施

建筑震害是造成人员伤亡和经济损失的主要原因，在破坏性地震中，处于同一烈度区内的同类建筑，是否进行了抗震设防以及设防标准的高低，与其破坏程度有很大关系。达到抗震设防标准、质量有保证的建筑，在地震中并不是完全不发生破坏，但破坏程度明显低于未设防建筑，倒塌伤人的情况很少。地震的发生时间短暂，直接造成的地表和建筑的破坏和因此带来的损失只是直接损失，最终的破坏程度与地震的防御措施是否得当到位、震前有无应急预案、震后应急救灾工作能否迅速有效地展开也有着密切的关系。这在历史上数次大的破坏性地震中都有过相应的经验及教训，值得我们总结和吸取。

（5）地震的发震时间

从历史地震记录看，发生在夜间或凌晨的地震往往会造成较严重的人员伤亡，这是很容易理解的。这个时段人们大多在室内休息，防范能力处于最低状态，对于突如其来的地震无法及时做出正确的反应，加上夜间照明差，如果电力系统因地震而破坏瘫痪，会进一步加剧人群的恐慌，不但难以排险救人，还会造成混乱引起更大的伤亡。唐山大地震就是发生在凌晨，很多人在睡梦中就被掩埋在了废墟之下。

◇为什么说断层是影响地质灾害分布的重要因素

一摞纸，如果两边受到压力就会弯曲。组成地壳的岩层在来自两个方向力的挤压下，会发生波状弯曲或扭曲，形成褶皱。如果力的作用继续加强，超过岩层本身的强度，再坚硬的岩层也难以承受，就形成了断裂。

地壳岩层因受力达到一定强度而发生破裂，并沿破裂面有明显相对移动的构造，就是人们常说的"断层"。在地貌上，大的断层常常形成裂谷和陡崖，如著名的东非大裂谷、中国华山北坡大断崖。

断层是构造运动中广泛发育的构造形态。它大小不一、规模不等，小的不足一米，大到数百、上千千米。但都破坏了岩层的连续性和完整性。在断层带上往往岩石破碎，易被风化侵蚀。沿断层线常常发育为沟谷，有时出现泉或湖泊。

地震往往是由断层活动引起的，地震又可能造成新的断层发生，所以，地震与断层的关系十分密切。

岩层断裂错开的面被称作断层面。断层面两侧的岩层和岩体被地质学家称作"盘"。如果断面是倾斜的，位于断层表面上侧的部分称为上盘，位于断层面下侧的部分就是下盘。

根据断层面两盘运动方式的不同，大致可分为正断层（上盘相对下滑）、逆断层（上盘相对上冲）、平移断层（又称走滑断层，两盘沿断层走向相对水平错动）三种类型。

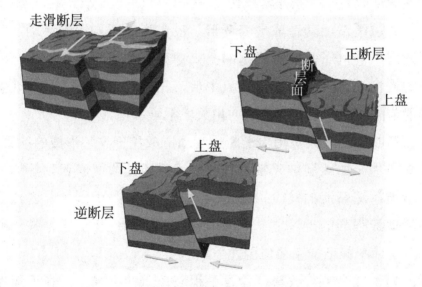

断层的类型

有关学者发现，对地质灾害形成根源的深入研究，不可不考虑断层等构造因素，尤其是活动断层，它不仅是地震、地裂缝等重大灾害的罪魁祸首，也是造成崩塌、滑坡、泥石流等常见地质灾害的重要因素。

工程意义上的活动断层，是指晚更新世（12万年左右）以来有活动的断层。这些断层在我国大陆内部广泛分布，尤其在中国西部地区，活断层规模大、活动性强，造成了严重的地质灾害。与活断层相关的地质灾害可分为活断层快速活动灾害、活断层缓慢活动灾害、活断层次生灾害三种类型。

断层快速活动形成地震。地震灾害主要表现为地表破裂、崩塌、滑坡、砂土液化等。如2001年昆仑山口西8.1级地震，切割地表400多公里，沿山脊、水系位错，鼓包、裂缝纵横，造成输油管线破裂、通讯光缆中断，正在施工的青藏铁路也遭受严重破坏。有关学者的考察研究发现，此次地震的发生与东昆仑活动断裂带关系非常密切。

断层缓慢活动造成地表变形。最典型的断层缓慢活动（断层蠕滑）的例子是美国西部的圣安德列斯断层。而在我国，断层缓慢活动造成地表变形现象中最常见的为地裂缝。虽然地裂缝的成因复杂，但其与构造的相关性不可忽视。

活断层次生灾害指由于断层活动造成利于灾害形成的地质、地貌条件。如断层破碎带、节理带、断层陡坎及崩积物等均利于滑坡、泥石流的发生。藏东—川西地区，是中国大陆内部断裂活动最强烈的地区之一，区内频繁发生的地质灾害，是川藏公路畅通率极低的主要原因之一。

为了减轻地震灾害，建设工程应该避让活断层。在近年发生的历次大地震中，研究人员发现，断层带上的房屋倒塌、人员伤亡情况严重，但断层带以外的情况就好得多。建房时避开这些断层带，就可有效减轻地震灾害的损失。

目前，"别把房子盖在断层上"已成为一个科学常识。已探明的城市地下活动断层的区域，可建成市区绿化带、草地公园、河流景观等等，既保证了安全，又美化了环境。

◇建筑地震灾害是引起伤亡和经济损失的主要原因

地震对人类社会造成生命、财产损失等灾难性后果时，即为成灾地震，造成的灾害则称为地震灾害。地震灾害可分为原生灾害（也称直接灾害）、次生灾害和衍生灾害（也称诱发灾害）三大类。建筑地震灾害是原生灾害的主要表现形式，也是引起伤亡和经济损失的主要原因。

房屋建筑是人类活动的重要场所。我们的生活、生产、工作、学习、购物、娱乐等等活动，大部分都是在各种各样的建筑中进行的，建筑的安全性与我们的生命和财产安全是紧密相关的。20世纪几次发生在人口密集地区的破坏性地震中，因建筑物的破坏造成了巨大的人员伤亡和经济损失，成为人们心中难以抹去的黑色记忆。

很多震害实例充分说明了建筑结构抗震安全的重要性。从了解建筑物的结构和抗震性能入手，总结经验教训，建造抗震性能好的建筑，是减轻地震灾害的重要手段。

（1）不同材料的建筑物结构分类

房屋建筑物是由基础和各种建筑结构单元，即梁、板（受弯构件）、墙、柱（受压构件）等经过组合、连接而成。根据建筑材料不同，可将建筑物分为木结构、砌体或砖混（石）结构、钢筋混凝土结构和钢结构等类型。

①木结构。这种建筑以木材为主要材料建成，如框架和楼板等。木结构优点是易于就地取材，自重轻、制作容易和施工方便。木结构建筑物抗震性能较好，在我国云南、四川等山区尚有许多在地震中不倒塌的近百年木屋，主要有多层木结构、

单层土坯墙木结构和多层砖木结构等。但是，木材有天然缺陷（如木节、斜纹、裂缝等）、易燃、易腐、易虫蛀等缺点，因此，不适宜建造重要的建筑物，也不适宜在高温和潮湿的环境中使用。20世纪初中期我国南方木结构房屋建筑较为普遍。现在，除景区、林区、农村和山区采用木材建造房屋外，在现代城镇建设中已很少使用。

在我国西部地区部分农村还存在为数不多的土木结构房屋。这种房屋墙体为土坯或直接由土夯实成墙。屋顶由梁木、檩条等组成，其上为草、苇席或泥。这类房屋多不抗震，地震时墙体易坍塌。

②砌体和砖混结构。砌体结构是用砖、各种砌块以及石料等块材通过砂浆砌筑而成的结构。砌体结构易于就地取材，节约水泥、钢材和木材，造价低廉，具有良好的耐火性和耐久性，较好的保温隔热性。砌体结构抗拉、抗弯、抗剪强度远比其抗压强度低。其主要缺点是强度低、自重大、砌筑工程量大、抗震性能差。这类房屋多见于乡村。

砖混结构通常是以砖墙（柱）、钢筋混凝土构造柱、圈梁为主体，屋盖用钢筋混凝土构件、钢或木屋盖等多种材料混合建造的结构。砖混结构主要应用于6—7层以下的住宅、办公楼和教学楼等民用和公共建筑等。

因为稳定性差、浪费资源等原因，我国新建的多层、高层建筑已开始逐步淘汰砖混结构。

③钢筋混凝土结构。钢筋混凝土结构是指用现浇或预制钢筋混凝土构件建造而成的建筑物。房屋建筑一般分为多层钢筋混凝土结构、钢筋混凝土框架结构、钢筋混凝土框架剪力墙结构和钢筋混凝土剪力墙结构等。

框架结构是指由钢或钢筋混凝土骨架形成梁和柱的建筑物。楼板和屋顶不依赖于墙体支撑。

钢筋混凝土结构是当今建筑工程中应用最多的一种结构，广泛用于建造多层与高层房屋，如住宅、旅馆、办公楼等，也多用于建造大跨度房屋，如会堂、剧院、展览馆等。此外，工业建筑中的单层与多层厂房以及烟囱、水塔、水池、地下结构、桥梁、隧道、水坝、海港以及各种国防工程特种结构大都是钢筋混凝土结构。

钢筋混凝土结构具有耐久性、整体性和耐火性好等优点；其缺点是自重大、施工周期长、混凝土抗拉强度较低，易裂。

④钢结构。钢结构是采用各种型钢，通过焊接、铆接和螺栓连接组成的建筑物框架结构，是现代建筑工程中较普通的结构形式之一。

钢材的特点是强度大、自重轻、整体刚性好、变形能力强，抗震性能好；主要缺点是不耐高温、易锈蚀和成本较高。

（2）城市建筑震害

城市是人口和财富高度集中的地方，虽然破坏性地震发生在城市的概率相对较低，但一旦发生，其震害的严重后果要远远大于在农村地区发生的同等强度的地震。

近年来地震区新建的城市建筑，凡是按照抗震设防标准进行设计、施工，质量有保证的，在地震中破坏较轻；反之，不严格按照有关规范标准进行抗震设计、施工质量差的建筑，则破坏相对严重。

因此，在城市中，由于建筑体量大、结构形式复杂多样，建筑材料以砖、砌块、钢筋混凝土为主，还有一些钢结构、大跨结构、网架结构等较新型的结构形式，而且中高层建筑占有很大比例。所以，城市建筑的结构类型应不同于农村地区，对材料、设计和施工有着更高的要求，每一环节的失误，都会在地震时引起严重的后果。城市建筑还有分布密集的特点，建筑高度大但间距有限，大地震时中、高层建筑的倾斜或倒塌，会对相邻的建筑物造成破坏，并且会堵塞道路，给人员的疏散和救灾带来很大的影响。

唐山地震中大量倒塌的房屋中，砖混住宅占了很大比例，同时它也是造成人员伤亡最严重的房屋类型。当时建造的多层砖混住宅多采用预制空心楼板，楼板在墙上的搭接长度小，没有拉接措施，并且未设圈梁，楼板整体性差，在地震中大量塌落伤人。多层砖混房屋的破坏以墙体的受剪和受弯破坏为主，薄弱部位如洞角、窗间墙、窗肚墙一般会首先出现斜裂缝。在往复的地震作用下，出现交叉裂缝，裂缝开裂过大时，墙体会失去承载能力，造成更严重的破坏。在震中区竖向地震作用明显，墙体下部会在竖向地震作用下出现水平裂缝。构造柱和圈梁是多层砖混房屋的主要抗震构造措施，当节点处理不当时，在地震作用下反而会首先破坏。建筑设计中存在抗震薄弱环节时，在日常使用中可能不会出现问题，但在地震作用下，则可由于应力集中或抗震能力削弱出现破坏。如建筑转角处多见的弧形墙设计，在地震作用下会出现明显的应力集中，这是一种常见的破坏现象。

混凝土结构房屋在城市中的应用更为广泛，建筑形式多样，破坏形态也有多种表现。以框架结构为例，建筑平面复杂不对称时，建筑在地震作用下出现扭转效应，造成部分构件应力集中，引起扭转破坏。施工顺序不合理、施工质量差、混凝土强度过低都会造成结构构件的破坏。

混凝土结构受力状态复杂，对结构的整体设计和构件的构造措施有严格的要求，不合理的设计，会人为造成结构的薄弱部位，在地震中率先产生破坏。施工质量差、施工顺序不合理，又会降低结构的承载力，改变结构应有的受力状态，造成不应有的破坏。

（3）农村建筑震害

在我国和一些发展中国家，大部分农村地区经济发展水平相对较低，在建房时一般不经过正规设计，特别是民宅基本上是就地取材、自修自建，建造方式沿袭传统做法，采用的建筑材料以土、木、砖、石为主，形式多样但体量不大。这类房屋有造价低廉、用料环保、体现当地民俗、满足农村生活使用功能的优点，但同时也普遍存在承重构件材料强度低、结构整体性差和节点连接薄弱、缺乏抗震构造措施等缺点。一旦发生破坏性地震，往往大量破坏甚至倒塌。近几年来我国几次较大的破坏性地震多发生在村镇地区，每次都因民房的大量倒塌，造成惨重的人员伤亡和巨大的经济损失。

从破坏现象可以明显看出，震害与建筑材料的特性、结构形式密切相关，同时一些传统的不合理的建筑做法，也给房屋在地震中的安全埋下了隐患。

生土建筑不仅在我国，在一些发展中国家的农村地区也大量存在。在发达国家虽然也有一些生土别墅等，但从材料、施工以及构造措施方面与量大面广的一般生土民居还是有较大区别，在抗震能力方面也不能相提并论。生土房屋（指生土墙承重房屋）在农村地区各类房屋中震害最重，造成的伤亡最多，但在很多地区仍在广泛应用。因此，生土房屋的抗震问题应该引起足够的重视。一般大量采用生土房屋的地区经济水平相对落后，建筑材料以土、木为主，各地土质、掺料和具体做法等虽然有一定差别，但生土墙体材料强度低，抵抗地震作用的能力弱，加上墙体之间、墙体与屋盖间以及墙体与木构架之间的连接较差，因此地震时破坏较重。震害调查统计显示，在地震烈度为Ⅷ度的地区，一半以上的生土房屋发生严重破坏或倒塌。生土房屋的破坏特征主要表现为墙体受剪破坏、墙体外闪、屋盖构件与墙体连接失效等。

木构架房屋分布广泛，形式多样，各地的木构架形式、围护墙材料及屋面做法有明显的地域性，与当地的气候条件、自然资源条件等有很大关系，并且有明显的传承性。木构架房屋的抗震性能因材质、构架节点做法、房屋建筑形式、构架与墙体连接以及屋盖做法等不同有较大的差异。从以往的震害调查统计结果看，西南地区较多采用穿斗木构架，其抗震性能最好；北方地区的老式坡顶木构架与穿斗木构架类似；而各地均有采用的三角形木构架，其抗震性能相对较弱；平顶木构架抗震性能相对最差。

砖砌体房屋也是村镇中普遍采用的一种建筑形式，主要有实心砖墙房屋和空斗砖墙房屋两种。这种建筑形式有单层房屋，还有一些2层以上的楼房。砖砌体房屋的楼、屋盖做法有较大差别。那些经济条件较好的地区采用现浇或装配式（预制空心楼板）混凝土楼板、屋盖，并且设置圈梁、构造柱等抗震构造措施。但是还有相当数量的砖房仍采用传统的木、楼屋盖，或者两者混用。

砖砌体房屋的破坏主要是墙体的平面内受剪或平面外受弯破坏，墙体的抗震承载力主要取决于砌筑砂浆的强度。砌筑砂浆强度低、质量差时，墙体会因为受剪出现斜裂缝或交叉裂缝。

裂缝多出现在门窗洞角、窗间墙等薄弱部位。墙体承受平面外的地震作用时还会出现水平裂缝。纵横墙体连接不好时连接部位会出现竖向裂缝。山墙的外闪倒塌也是常见的破坏形态。

砖土混合结构房屋具有省砖、经济实用的优点，在农村中应用也很普遍，但由于砖与土坯材料性能差异较大，在地震作用下不能共同工作，因此整体性不好，抗震性能较差。

石结构房屋指石墙承重或石柱承重的房屋，在我国华东、中南、西南、华北及东北等靠近山区的地区多有采用。根据石材的加工状态可分为毛石房屋和料石房屋等。毛石房屋一般为单层，料石房屋可建到2、3层。石结构房屋的楼板、屋盖有木、混凝土和石材几种。石结构房屋的震害与石料的规整程度和砌筑质量有很大关系，由于石材墙体自重大，承受的地震作用也大，加上规整度差，砌筑的质量不易保证。因此，石结构房屋在整体性方面低于砖砌体房屋，震害也较砖砌体房屋严重。料石房屋的破坏形态和规律与砖砌体房屋基本类似，也主要表现为墙体斜裂缝、水平裂缝、山墙外闪破坏等。毛石墙房屋石块形状不规则，大小不一，不能咬槎砌筑，整体性更差，抗震性能不如生土房屋。

◇树立防灾意识、加强抗震设防是非常重要的

多年来，虽然世界各国一直都在致力于抵御地震灾害，但是在一次又一次的地震灾害中仍经受惨痛的损失。究其原因，至少有几个方面的问题值得我们重视：

（1）地震防灾的社会意识需要加强

与台风、雨雪等灾害相比，地震虽然破坏性极大，但强震发生的概率相对较小，短则数十年、长则数百年甚至上千年才

发生一次，且通常没有预警预报。因而，人们容易遗忘地震，平时往往抱有侥幸心理，认为地震离自己很远，没有必要太紧张。在购买住房或建造自居住房时，大部分人关心的是房子的价格和环境，而对房子是什么结构，是否抗震却很少考虑。因此，通过加强宣传，提高民众的抗震设防意识是非常有必要的。

（2）抗震设防的科技水平亟待提高

建筑物的抗震设防标准，是依据科学统计分析而计算出的地震危害程度，并综合考虑经济与风险等因素而决定的。但是，现在普遍存在这样一个问题，就是有些突发性地震，实际地震烈度有可能超过设防标准。在灾害发生前，地震究竟会造成多大震害，应该采取什么等级的合理设防措施，还需要深入研究，提供尽可能可靠的依据。

（3）经济发展水平制约抗震设防能力

在经济不发达的地区，许多房屋的建造成本往往是能省则省，抗震安全问题只作为次要因素。目前这种情况在许多地区依然是较为突出的问题。尽管大家十分清楚抵御地震灾害必须加强设防，可是设防工作将增加建设成本，没有一定的经济能力支撑，难以做到，难以做好。

据统计，地震所造成的人员伤亡，95%以上都是因为建筑物受损或倒塌所引起的。因此，科学设防是抵御地震灾害的最直接有效的方式。事实证明，通过建筑物的抗震设防，是减轻地震灾害损失最有效的途径之一。

（4）为切实加强抗震设防应采取的措施

为了加强建筑的抗震设防，应注重考虑做好如下几个方面的工作：

一要科学选址和规范设计。房屋建设首先应选择安全的地方，防止地震及次生灾害可能造成的破坏。一些地区在建筑体型、平面布置上追求新奇，形成了一些设计很不规则的复杂建筑。理论和实践证明，房屋的外形设计越不规则，越不利于抗震，特别是那些附属突出构件，地震时最容易伤人毁物。因此，房屋设计在追求美观时，一定要以保证安全为前提。

二要严格执行抗震设防标准。历次震害调查研究结果表明，按照抗震设防标准建设的建筑普遍受损较轻，这说明了严格执行抗震设防标准的重要性和必要性。

我国工程技术人员通过历次地震现场房屋震害调查，找出了各种结构类型房屋存在的抗震不利因素，对破坏原因进行了分析和总结，并通过试验验证，有针对性地提出了各类房屋的抗震措施，编制了《建筑抗震设计规范》、《建筑抗震加固技术规程》及其他有关的行业抗震设计规范。

要把抗震设防管理纳入工程审批、规划、勘察、设计、施工、验收等各个管理环节中。重点加强对住宅和大型公共建筑设施工程的抗震设防专项审查，对于超限高层建筑以及超过抗震设计规范适用范围的工程，要准确把握可能存在的安全隐患，且必须达到抗震设防标准。要加大抗震设防标准实施和监督检查力度，严格执行工程建设技术标准规定的最基本安全要求。

三要及时进行抗震安全鉴定和加固。在做好新建工程的质量管理的同时，还要定期对在设计使用年限内的房屋进行使用维护，重点对超过了设计使用年限的房屋开展全面检查，做到科学鉴定和及时维修，确保建设工程在合理的年限中安全使用。尤其是在大地震后，要对那些早期建造、抗震不足的房屋认真进行检测和鉴定，对达不到抗震标准的，应尽早进行抗震加固，防患于未然。

四要正确处理好抗震设防与经济的合理关系。房屋建筑的抗震设防，要严格执行国家的法律法规和强制性技术标准，同时应该根据我国的国情和各地经济发展水平，因地制宜、量力而行，也要防止不讲科学、过高设防造成的浪费。

地震灾害危及全人类，科学设防与我们每一个人都息息相关。在我国城镇化快速发展时期，房屋建造量巨大，加强抗震设防，保障人民群众生命财产安全，意义将更加重大。

◇地震预测预报的主要依据是地震前兆

中国是最早注意地震前兆并留下大量记载的国家。地震前兆是地震预报的重要依据和基础。大量震例表明，6.0级以上地震活动往往都有种类和数量不等的前兆存在，并且地震前兆异常的平均数量、最长持续时间、最远距离等均随震级的增大而增加。

中国地震学者在20世纪80年代，通过对大量震例中的地震前兆或异常进行分析、梳理与总结，将其中曾出现过的927条地震异常或前兆，归纳为11类观测手段、75个项目，充分显示了地震前兆的丰富性和多样性。

20世纪80年代后期，时任国际地震学和地球内部物理协会（IASPEI）地震预报委员会主席的美国阿拉斯加大学地球物理研究所教授马克斯·怀斯曾组织对全球典型地震前兆的遴选，应用孕震过程中震源应力（应变）场及其时、空、强分布的理论，对世界各国报来的前兆进行严格评审和检验，并于1991年和1994年分别公布了第1轮和第2轮评定结果。

结果被接受的前兆占所提交前兆的13%，不能肯定的占14%，未被通过的占73%。其中通过评审的包括了前震、强余震前的震兆式平静、地下水氡含量增高、地壳形变等前兆异常。

国内当前已发现、且较被普遍认可的地震前兆主要有十几种，根据感知方式不同，可分为微观前兆和宏观前兆两大类。

微观前兆指用精密仪器观测到的具有现代科学内涵的前兆异常，并且需专业台站观测，有地表、钻孔、山洞及海底、空间遥感等观测形式，很多仪器对环境要求很高，观测难度较大。

地震的宏观前兆指由人的感觉器官能直接感知的前兆异常，其中比较常见的有井水陡涨陡落、变色变味、翻花冒泡，泉水流量的突然变化、温泉水温的突然变化、动植物的习性异常，临震前的地声、地光、地雾、电磁异常等。

其中，动物异常是震前征兆的普遍现象。由于不同动物的生活习性和敏感程度的差异，所反映的异常状态和特征也不一样。如隆冬季节数百条毒蛇出"洞"或"自寻短见"，成千上万只青蛙携幼搬迁，离开震中数百米等。由于地震宏观前兆的特征突出，与老百姓的日常生活密切相关，并相对易于发现，因此是在大地震群测群防中最适合普及的方法。

上述常见的地震微观与宏观异常现象都曾在中国的多次大地震，如龙陵地震、松潘地震、唐山地震中不同程度地出现，并得到了一定程度的证实。

实践经验似乎表明，地震前兆出现的时间（提前）和范围与地震的震级密切相关，并通常是与震级成正比的。大震的微观前兆一般在震前几年就已开始出现，几个月到几天最明显，种类也多，幅度从小到大，一般震前2—3天会出现突变性、突发性和大幅度异常。而宏观异常一半出现在震前几天、十几天，多集中在震前1—3天内。特别是大型哺乳动物异常，震前1—2天最多、最显著。

　　虽然在强震或大地震活动前经常有前兆现象出现，但如何正确判定和利用震前异常来预报地震仍存在众多争论与困难。普遍面临的问题是，这些异常的出现究竟和地震有多大的联系，成因与机理如何？前兆为什么有时出现，有时却不出现，原因何在？利用这些前兆异常预报地震的准确性和可信度究竟有多高，以及如何正确地对待和利用宏观异常？

　　始终贯穿地震预报实践的突出难题之一，是地震前兆异常的识别问题。因为要从观测值的变化中判断"可能性前兆"，须识别正常变化背景和排除干扰性异常。如何用异常来准确判断可能发生地震的三要素，也是同样突出的难题。另外，由于地震区域、地震类型、地质构造环境、震区受力过程等方面的差异，不同地震的异常表现会有显著差别，从而给地震预报造成很多困难，特别是短临预报，难度更大。如：同样是7.0级大震，有的趋势异常可持续2—3年甚至更长，有的仅1年左右。短临异常的差异性更加突出，海城、松潘等大震前短临阶段的宏观异常几起几落，持续了1—2个月；唐山的震前宏观异常主要集中在震前1—2天内。此外，有的地震前1—2天内有突出的前震群活动，而很多大震前却无特定的前震群发生。

　　总体而言，虽然地震常有多种前兆表现，但在目前的技术手段下，仍然无法在地震预报中做到利用前兆异常准确圈定地震的三要素。解决这一难题，除了必须进一步加强地震预报的基础性研究，包括地震发生的地质构造背景、地震地质条件、震源动力条件、地震破裂方式、前兆机理等，同时还要正确认识地震类型、孕震过程与机理、前兆表现的本质等，才能够逐渐使地震预报建立在更加可靠、可信的科学基础之上。而现在看起来，这个道路肯定是相当漫长的。

◇应用地震速报与预警系统是重要减灾方向之一

地震预警是指在地震发生以后，抢在地震波传播到设防地区前，向可能受到影响的地区提前几秒至数十秒发出警报，以减小当地的损失。

地震预警不同于地震预报，二者具有本质的区别。地震预报是对尚未发生，但预测可能发生的地震事件发布通告。而地震预警则是灾害性地震已经发生，对即将可能蔓延的地震灾害抢先发出警告并紧急采取应急行动，防止造成大的损失。

我们知道，地震纵波（P 波）传播的速度快于横波（S 波）和面波的速度，而电磁波的传播速度（30 万千米 / 秒）远大于地震波速度（不到 10 千米 / 秒）。地震预警技术就是利用 P 波和 S 波的速度差、电磁波和地震波的速度差，在地震发生后，当破坏性地震波尚未来袭的数秒至数十秒之前发出预警预告，从而提醒人们采取相应措施，避免重大的人员伤亡和经济损失。比如，关闭或调整核电站、煤气管道、通信网络等生命线管网，通知正在驶向震害区域的火车停车，取消飞机着陆，封闭高速公路，关闭工厂生产线，医院暂停手术，人员撤离到安全地带等等。

因为地震预报一直是未解的世界难题，能够提供几秒或几十秒逃生时间的地震预警，便成为很多地震多发国家所追求的目标。

按照 4.5 千米 / 秒的平均速度计算，假设 2008 年四川建立起了地震预警台网，那么，2008 年汶川地震发生的瞬间（由于电波传播速度为 30 万千米 / 秒，警报在地面传递所需时间几乎忽略不计），如果汶川立即鸣响 500 公里范围内的警报系统，那么：

距离汶川 93 千米的都江堰（3069 人遇难），可以提前 20 秒获得预警。

距离汶川 130 千米的北川（8605 人遇难），可以提前 29 秒获得预警。

距离汶川 166 千米的绵竹（11098 人遇难），可以提前 37 秒获得预警。

距离汶川 200 千米的青川（4695 人遇难），可以提前 44 秒获得预警。

日本地震预警普及委员会统计的数据显示,提前 5 秒的预警,能够减少损失 10%—15%，提前 10 秒、20 秒，损失减少更为可观。

根据震中与预警目标区（城市或重大工程场地）的距离远近，地震预警可分为异地震前预警和本地 P 波预警两类。异地震前预警是指地震发生在距预警目标区 60 千米以外的区域，布设在震中附近的监测装置（强震仪）在地震发生后，向预警目标区发出电磁信号。由于电磁波比地震波传播要快得多，因此可以抢在地震波到达之前发出地震警报。本地 P 波预警是指地震发生在距预警目标区 20—60 千米的区域，在预警目标区建立监测网，利用 P 波传播比 S 波快的原理，由 P 波的初期振动来估计震级、震中、方位角等地震参数，发出预警。

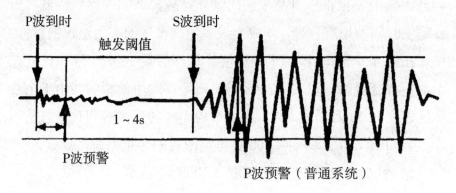

本地 P 波预警原理

需要注意的是，对于发生在距预警目标区 20 千米以内地区的直下型地震，除了可以安装由 P 波触发的自动控制装置外，已没有时间对人员发出预警。在震中距 20 千米以内的地区，被认为是地震预警的盲区。

美国、日本、墨西哥是最早应用地震速报与预警的国家。日本是世界上目前地震预警工作取得减灾实效最多、应用最广泛的国家。在 20 世纪 50 年代后期，日本国家铁路就沿铁路干线布设了简单的报警地震计。当地震动的加速度超过给定阈值时发出警报，指令列车制动。

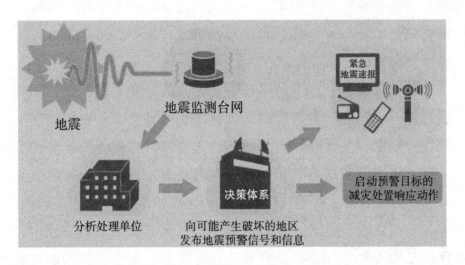

地震预警系统示意图

近年来，包括中国在内的越来越多的国家开始尝试应用这项技术，而且，地震预警系统已被应用到不同的领域。

由于中国是世界上遭受地震灾害最严重的国家，所以中央政府对防震减灾事业极为关注。目前，中国除继续重视对地震预测预报的研究之外，在一些地区和某些部门已经建立了地震预警系统。

◇人类对抗地震等自然灾害的主要措施

无数次破坏性地震的惨痛教训和实践告诉我们，面对无情的自然灾害，除了管理体制和法律制度作为保障，我们应该站在战略高度，制定各类措施，做好防震减灾工作。

（1）制订预案，常备不懈

通过制订不同类型、不同级别、不同层次的应急预案，并经常进行演练和修订，形成预防和减轻自然灾害有条不紊、有备无患的局面。应急预案应包括对自然灾害的应急组织体系及职责、预测预警、信息报告、应急响应、应急处置、应急保障、调查评估等机制，形成包含事前、事发、事中、事后等各环节的一整套工作运行机制。

必须强调的是，不能将预案束之高阁，要通过培训和预案演练使广大居民、灾害管理人员熟练掌握预案，并在实践中不断完善预案。要增强广大居民的忧患意识，常抓不懈，防患于未然。坚持预防与应急相结合、常态与非常态相结合。政府及有关部门应鼓励和指导社区制订紧急防灾预案、开展救灾演练、装备专门的通信设备，在紧急条件下替代常用的通信方式，并保证必要的紧急储备物资和设施。各级部门都应该积极做好装备、技术、人员等方面的应急准备。

（2）以人为本，依靠科技

以人为本，把保障公众生命财产安全作为防灾减灾的首要任务，最大程度地减少自然灾害造成的人员伤亡和对社会经济发展的危害。面对自然灾害，科学防御，从早期盲目的抗灾到近年来主动地避灾，体现了在防灾减灾中的科学发展观。

在防灾减灾中坚持"预防为主"的基本原则，把灾害的监测预报预警放到十分突出的位置，并高度重视和做好面向全社会，包括社会弱势群体的预警信息发布。

要依靠科技，提高防灾减灾的综合素质。通过加强防灾减灾领域的科学研究与技术开发，采用与推广先进的监测、预测、预警、预防和应急处置技术及设施，并充分发挥专家队伍和专业人员的作用，提高有效应对自然灾害的科技水平。

（3）防灾意识，全民普及

增强忧患意识，防患于未然，防灾减灾需要广大社会公众广泛增强防灾意识、了解与掌握避灾知识。社会公众是防灾的主体。在自然灾害发生时，普通民众能够知道如何处置灾害情况，如何保护自己，帮助他人，从而最大限度地减轻灾害损失。政府与社会团体应组织和宣传灾害知识，培训灾害专业人员或志愿者。有关部门应通过图书、报刊、音像制品和电子出版物、广播、电视、网络等形式，广泛宣传预防、避险、自救、互救、减灾等常识，增强公众的忧患意识、社会责任意识和自救、互救能力。通过开展"防灾减灾进社区、进校园、进企业、进村庄"行动，使最基层的社区居民、广大中小学生、企业员工、广大农村特别是偏远地区的农民、社会弱势群体增强防灾减灾意识，掌握基本的避灾、自救、互救技能，达到减灾目的。

（4）快速响应、协同应对

防灾减灾涉及方方面面，需要政府组织领导，各个部门积极响应。政府、相关部门需要建立"统一指挥、反应灵敏、功能齐全、协调有序、运转高效"的应急管理机制。"快速响应、协同应对"是应急机制的核心。

（5）分类防灾，有效应对

不同灾种对人类生活、社会经济活动的影响差异很大，防灾减灾的重点、措施也不同。根据不同灾种特点以及对社会经济的影响特征，采取针对性应对措施是非常重要的。比如，对于地震灾害来说，提高和改善房屋建造质量的标准和水平，通过建造抗震性能良好的房屋化解地震灾害及减轻地震灾害损失，是十分重要和非常紧迫的战略任务。

（6）风险评估，未雨绸缪

自然灾害风险指未来若干年内可能达到的灾害程度及其发生的可能性。开展灾害风险调查、分析与评估，了解特定地区、不同灾种的发生规律，了解各种自然灾害的致灾因子对自然、社会、经济和环境所造成的影响，以及影响的短期和长期变化方式，并在此基础上采取行动，降低自然灾害风险，减少自然灾害对社会经济和人们生命财产所造成的损失，是一项非常重要的工作。

自然灾害的风险评估包括灾情监测与识别、确定自然灾害分级和评定标准、建立灾害信息系统和评估模式、灾害风险评价与对策等。不同发展水平的地区对自然灾害的敏感性和脆弱性不同，其防灾救灾能力也各不相同。灾区的经济实力与发展水平、社会制度、组织能力都是影响区域自救能力和恢复能力的重要因素。经济发达地区，一旦遭受重大自然灾害，灾后恢复能力强，速度快；不发达地区抵御自然灾害的能力相对较弱。当致灾因子与自然、社会、经济和环境的脆弱性相结合，灾害风险也随着增加。通过自然灾害的综合风险评估，并应用评估结果，可以进一步探讨自然灾害风险管理模式和预防措施，可以有针对性地控制灾害，规范对易灾地区的利用，提高对灾害的认识。

◇政府及有关职能部门地震发生前的应急准备工作

按照我国目前的抗震防灾体制，一些地震发生前，地震部门会根据形势发布短临预报。在预报发布后，政府及有关职能部门、家庭、个人都应给予足够的重视，各司其职，积极地参与震前准备工作。

在已发布破坏性地震临震预报的地区，政府及有关职能部门应做好以下几个方面的应急准备工作：

（1）备好临震急用物品

地震发生之后，食品、医药等日常生活用品的生产和供应都会受到影响。水塔、供水管线如果被震坏，会造成供水中断。为了能使群众度过震后初期的生活难关，震前政府应有计划地准备一定数量的食品、水和日用品，以解燃眉之急。

（2）建立临时避难场所

震后房屋破坏，群众要有安身之处，才能保证基本的安定。这就需要临时搭建防震、防雨、防火、防寒的避难场所，并做到因地制宜，可以利用各种帐篷，农村储粮的小圆仓也是很好的临时避震房。

（3）划定疏散场地，转移危险物品

城市人口密集，人员避震和疏散相对难度较大。为确保震时人员安全，震前要按街、区分布，就近划定群众避震疏散路线和场地。易燃、易爆和有毒物资要在震前及时转运到城外存放，消除次生灾害的隐患。

（4）设置伤员急救中心

在城内较安全的地点，或在城外设置急救中心，备好床位、医疗器械、照明设备和药品等，以供伤员治疗用。

（5）暂停公共活动

发布正式临震预报后，政府应陆续暂停各种公共场所的活动，组织观众或顾客有秩序地撤离；中、小学校可临时改在室外上课；车站、码头候车室可改在露天。

（6）组织人员撤离并转移重要财产

如果得到正式临震预报，各单位、居委会等要迅速而有秩序地动员和组织群众撤离。正在治疗的重病号，要转移到安全的地方。对少数不愿撤离的人，要耐心动员。各单位和个人的车辆要开出车库，停在空旷地方，除了避免损坏，还可在抗震救灾中发挥作用。

（7）防止次生灾害的发生

城市发生地震可能会引发严重的次生灾害，特别是化工厂、煤气站等易发生地震次生灾害的单位，要加强监测和管理，设专人昼夜站岗和值班。消防队的车辆必须出库，消防人员要整装待发，以便及时扑灭火灾，减少经济损失。

（8）确保机要部门的安全

城市内各种机要部门和银行较多，地震时要加强安全保卫，防止国有资产损失和机密泄漏。

（9）组织抢险队伍，合理安排生产

临震前，各级政府要就地组织好各专业的抢险救灾队伍（救人、医疗、灭火、供水、供电、通信抢修等）。必要时，某些工厂应在防震指挥部的统一指令下暂停生产或低负荷运行。

◇家庭和个人地震发生前应做什么防备

在已发布地震短临预报地区的居民，须做好家庭和个人的防震准备，力争在地震中使家中无人员伤亡、财产损失少。具体来说，应做好以下几个方面的准备：

（1）制定家庭防震计划

震前应做好个人、家庭躲避震灾的行动安排，确定在什么情况下疏散以及怎样疏散，室内避震还是室外避震等。

成员之间应有所分工，如谁负责灭火，谁负责断电，谁照顾老弱病幼等，还应商量好震后家人的联络方式等。

（2）检查和加固住房

对不利于抗震的房屋，在条件许可的情况下应进行简单加固，存在安全隐患的危房，要及时撤离。房屋的抗震性能如何主要从以下几个方面判定：

一是场地与地基。坚实均匀、开阔平坦的基岩有利于抗震。松软土、淤泥、人工填土、古河道、旧池塘等地基易变形，高耸的山包、陡峭的山坡、半挖半填的地基等不利于抗震。

二是房屋结构形式。造型简单、规则、对称、整体性强、高度低的房屋抗震性能较好。反之，地震时则容易损坏或倒塌。

三是房屋质量、新旧与损坏程度。承重墙体及木构架等是整个房屋的"骨架"，"骨架"是否坚实，墙体有无裂缝、酥松、倾斜，木柱有无腐蚀、虫蛀等现象，要作为重点进行检查。

在对住房现状进行初步判断后，可根据情况采取以下可行的加固或处理措施：

根据住房现状，可分别采用加拉杆，在墙外加支柱或附

117

墙，修补更换腐蚀、破损的木柱，加扒钉、垫板、斜撑等办法，增强墙体的抗震性能、屋盖的稳定性和屋盖与墙体连接的牢固性。

屋顶的烟囱、高门脸、女儿墙，阳台、雨篷、高背瓦等是地震中最容易破坏的部位，用处不大的可拆除，必要时应采取加固措施或降低其高度。

（3）合理放置家具、物品

固定好高大家具，防止倾倒砸人；家具物品摆放做到"重在下，轻在上"；牢固的家具下面要腾空，以备震时藏身。

把屋顶、墙上悬挂的物品取下或固定牢，防止掉落伤人；阳台护墙要清理，拿掉花盆、杂物等。

床的位置要避开外墙、窗口、房梁，选择室内坚固的内墙边安放；床的上方，不要悬挂金属和玻璃制品及其他重物；床和写字台等坚固、低矮的家具下面是很好的避震空间，不要堆放杂物。

放置好家中的危险品，包括易燃品（煤油、汽油、酒精、油漆等）、易爆品（煤气罐、氧气包、氧气瓶等）、有毒物品（杀虫剂、农药等）。这些物品极易引起地震次生灾害，要妥善存放，做到防撞击、破碎、翻倒、泄漏、燃烧和爆炸。

对门口、楼道等公共通道堆放的杂物，要及时清理。

（4）准备好必要的防震物品

包括急救医药品、食品、水、应急灯、电筒、收音机、干电池、衣物、绳索、现金、贵重物品等，把这些东西集中放在"家庭应急包"或轻巧的小提箱里，放在便于取到的地方。

（5）进行家庭防震演练

进行家庭防震演练是提高每个家庭成员应对地震能力的好

家庭应急包中常备的物品

办法，主要应包括以下几个方面的内容：

①避震。假设地震突然发生，在家里应如何合理避震？可根据每人日常生活状态，确定避震位置和方式。在演练结束后计算一下时间，是否达到紧急避震的时间要求，总结经验，修改行动方案后再作演练。

②震后紧急撤离。地震停止后，如何从家中及时撤离到安全地段？撤离时要带上"家庭应急包"青壮年负责照顾老年人和孩子，要注意关上水、电、气和熄灭炉火。

③紧急救护演习。掌握伤口消毒、止血、包扎等知识，学习人工呼吸等急救技术，了解骨折等受伤肢体的固定，以及某些特殊伤员的运送、护理方法等。

◇防震减灾志愿者掌握的防震避震常识

唐山地震等事实告诉我们，当强烈地震发生时，在房倒屋塌前的瞬间，只要应对得体，就会增加生存的机遇和希望。据对唐山地震中 974 位幸存者的调查，有 258 人采取了应急避震行为，其中 188 人获得成功，安全脱险，逃生成功者占采取避震行为者的 72.9%。

像唐山地震这么惨烈的灾难人们都有逃生的希望，对于那些破坏力相对较弱的地震，我们更有理由相信，只要掌握了一定的避震知识，临震不慌，沉着应对，就能够免受很多可能的伤害。

（1）摇晃时立即关火，失火时立即灭火

大地震时，不能完全依赖消防车来灭火。每个人应该在第一时间进行关火、灭火，这是将地震灾害控制在最小程度的重要因素。从平时就应养成即使是小的地震也关火的习惯。

为了不使火灾酿成大祸，家里人自不用说，左邻右舍之间应该互相帮助，尽量做到早期灭火是极为重要的。

（2）该跑才跑，不该跑就躲

目前多数专家普遍认为：震时就近躲避，震后迅速撤离到安全的地方，是应急避震较好的办法。这是因为，震时预警时间很短，人们又往往无法自主行动，再加之门窗变形等，从室内跑出十分困难。如果是在楼里，跑出来几乎是不可能的。

但若在平房里，发现预警现象早，室外比较空旷，则可力争跑出室外避震。

（3）在相对安全的地方避震

在室内可选择结实、不易倾倒、能掩护身体的物体下或物

120

体旁，开间小、有支撑的地方避震。室外要远离建筑物，在开阔、安全的地方避震。

（4）采取最科学的姿势

感觉到地震后，科学的避震姿势包括：趴下，使身体重心降到最低，脸朝下，不要压住口鼻，以利呼吸；蹲下或坐下，尽量蜷曲身体；抓住身边牢固的物体，以防摔倒或因身体移位，暴露在坚实物体外而受伤。

（5）尽量保护身体重要的部位

保护头颈部：低头，用手护住头部和后颈；有可能时，用身边的物品，如枕头、被褥等顶在头上；保护眼睛：低头、闭眼，以防异物伤害；保护口、鼻，有可能时，可用湿毛巾捂住口、鼻，以防灰土、毒气。

（6）努力避免其他伤害

不要随便点明火，因为空气中可能有易燃易爆气体充溢；要避开人流，不要乱挤乱拥。无论在什么场合，如街上、公寓、学校、商店、娱乐场所等，均如此。因为，拥挤中不但不能脱离险境，反而可能因跌倒、踩踏、碰撞等而受伤。

结合实际，培训志愿者的日常工作技能

《中华人民共和国防震减灾法》规定："防震减灾工作，实行预防为主、防御与救助相结合的方针"。"预防为主"是人类防御各种灾害的基本思想，是千百年来人类面对各种灾害的经验与教训的高度概括。认真做好震前的防御工作，是减少破坏性地震造成人员伤亡和财产损失的重要前提。没有广大公众积极配合和掌握一定的自救互救能力，就不可能把地震造成的损失降到最低限度。要想协助专业部门做好"预防"工作，防震减灾志愿者必须要具备一定的工作技能。

◇防震减灾志愿者应具备的基本能力和素质

防震减灾志愿者的工作内容是十分丰富和繁杂的，涉及地震宏观测报、地震灾情速报、应急救援、地震知识宣传等方方面面，承担着管理基层社会公共事务的职能，对于整个社区、街道（乡镇）乃至整个城市的正常运转、社会良好秩序的维持、居民的人身和财产安全的维护，都具有十分重要的作用。

为了充分发挥作用，防震减灾志愿者必须具备一定的素质和能力。具体来说，主要包含以下几个方面的内容：

（1）较高的政治素质

一个合格的防震减灾志愿者，必须具备较高的政治素质，坚持党的基本理论、基本路线、基本政策；能以大局为重，以正确的立场观察、思考和处理问题，能透过现象看本质，是非分明；能具体、灵活地贯彻执行组织的指示和命令。

要牢固树立"为人民服务"的宗旨观念和服务意识，任劳任怨，诚实为民；要有强烈的责任心，对工作认真负责，密切联系群众，关心群众疾苦，维护群众合法权益；要有较强的行政成本意识，善于运用现代公共行政方法和技能，注重提高工作效率；要乐于接受群众监督，积极采纳群众正确建议，勇于接受群众批评。只有这样，才能协助有关部门做好防震减灾工作。

（2）依法行政能力

作为防震减灾志愿者，要有较强的法律意识、规则意识、法制观念；要熟悉《中华人民共和国防震减灾法》等相关法律和法规，依法履行职责，开展工作；要准确运用与工作相关的法律、法规和有关政策；要积极主动地宣传普及防震减灾相关的法律法规知识，要敢于同违法行为做斗争，为维护防震减灾各项工作的顺利开展营造良好的社会氛围。

（3）一定的专业知识

一个合格的防震减灾志愿者，必须具备一定的专业知识和相关的科普知识。比如，地震监测预报、前兆观测、异常落实、医疗救护知识等等。不仅涉及到地震学知识、地质学知识，还要涉及气象学、物理学、生物学、医学等等知识。只有深入了解和掌握这些知识，工作起来才能得心应手，开展防震减灾工作才能深入细致，取得实效。

（4）较好的表达能力

因为日常要经常提交请示、总结、简明报告、正式汇报材料等，防震减灾志愿者必须具备一定的表达能力，能够上情下达、下情上报，将自己的思想、意图，或通过口头、或通过书面完整、准确地传递给别人，这样才能有效地开展工作，解决问题，工作成绩才能得以被正确评估和认可。

表达的技巧很多，从最低的标准讲大致包括：语言完整，通俗易懂，逻辑清楚，首尾相顾，结构合理，节奏适宜，手势得当，声音清楚，还要能够进行即兴发挥以及可以比较顺利地回答问题。

必须注意的是，好的口才不等于口若悬河、滔滔不绝，只要能简明地表达自己的思想就行了。比如，你打报告想要一台新电脑，应该一开始就提出来。而不应该从国际环境角度，大谈信息化的趋势和新技术革命的挑战等等。

为了增强可读性，公文性报告要有一个明确的要点，最好开门见山，把主要意思放在开头。此外，还要注意有机地组织自己的观点，使复杂的问题简单化，使读者能迅速地了解你的希望和要求。

（5）组织管理、人际协调能力

现代社会是一个庞大的，错综复杂的系统结构，绝大多数工作往往需要多个人的协作才能完成，防震减灾工作也不例外。防震减灾志愿者经常要承担一定的组织管理任务，比如组织宣传、讲座、应急演练、发放应急物资等，因此，必须具备一定的组织管理、人际协调能力。

协作、组织能力中最主要的问题是安排人员。比如，要组织一次大型的演练，要做的工作很多，如安排场地，布置会场，挑选参与者，邀请嘉宾、组织群众等等，这一切需要许多人协同努力，对于组织者来说，就有一个考虑针对每个成员的持长，安排适合他的角色的问题。

人们由于知识、素质、爱好、志趣、经历背景等不同，导致行为习惯、对问题的看法、处世原则等差别很大。这就要求组织者必须能够协调各种人际关系，减少内耗，激励大家求同存异，朝着共同的目标努力。

（6）观察分析、调查研究能力

在现代社会中，无论是决策还是管理，无论是制定计划，还是处理各类问题，都需要了解情况。防震减灾工作中的宏观测报、灾情速报和地震知识宣传，更是要在充分了解情况的前提下才能做好。了解情况就是调查，学会调查研究是做好防震减灾工作不可缺少的基本功。

为了尽可能搜集到完整、准确的信息，除了对现成的材料进行归纳、整理外，还要运用调查研究、现场查看、当面询问、电话查访等方法，进行更深层次的了解和搜集。

在收集信息过程中，必须做到目的明确。在收集信息之前，必须考虑好为什么收集，干什么用，要达到什么目的，对这些

127

问题要做到心中有数。要确保材料可靠，不仅信息质量要高，要有相当的可信度和精确度，更要有一套求实的办法。如我们为了防止传输错误，应反复核对，尤其要重视实地观察，获取第一手材料等。

对收集到的信息要有所取舍，因为一般信息都具有三个特性：一是事实性，事实是信息的中心价值，不符合事实的信息就没有价值。二是滞后性，任何信息总是产生、传达在事实之后的。信息再快，也有滞后性。三是不完全性，任何关于客观事实的知识都不可能包揽无余。只有正确地取舍信息，才可能正确地使用信息。

因此，要学会对信息进行分析研究，辨别真伪，加工整理。有很多信息在产生、传递过程中，由于受各种条件的影响，可能出现虚假或真伪混杂现象。这就需要进行分析、审查、鉴别、筛选、分组、比较、汇总等加工整理。通过"去粗取精"、"去伪存真"的加工整理，剔除其虚假、错误部分，肯定其真实、正确部分。

防震减灾志愿者要坚持实践第一的原则，实事求是，讲真话、写实情。要掌握科学的调查研究方法；要善于发现问题、分析问题，准确把握事物的特征，积极探索事物发展的规律，预测发展的趋势，积极而及时地向有关部门提出解决问题的意见和建议。

（7）应对意外和突发事件的能力

我国以其特有的地质构造条件和自然地理环境，成为世界上遭受自然灾害最严重的国家之一。灾害种类多、分布地域广、发生频率高、造成损失重是我国的基本国情。包括地震灾害在内的难以预料和难以控制的自然灾害时有发生，防灾减灾工作形势严峻。而我国广大农村基本上处于不设防状态，应对自然灾害和公共安全事件的能力尤为薄弱，在大震、大水、大旱和地质灾害中伤亡非常严重。自然灾害、事故灾难、公共卫生事件和社会安全事件等各类突发事件经常互相影响、互相转化，导致次生、衍生事件或成为各种事件的耦合。当今，水、电、油、气、通信等生命线工程和信息网络一旦被破坏，轻则导致经济损失和生活不便，重则会使社会秩序失控或暂时瘫痪。

以上诸多因素决定了防震减灾志愿者必须要具备应对意外和突发事件的能力。按照"统一领导、综合协调、分类管理、分级负责、属地管理为主"的应急管理体制，基层的应急准备水平和第一响应者的应急能力显得尤为重要。

一旦遭遇突发事件，防震减灾志愿者往往是启动应急预案后的"第一响应者"，因此，志愿者必须具备一定的研判力、决策力、掌控力、协调力和舆论引导力，学会及时、准确、全面地做好突发事件信息报告、研判工作。突发事件的信息要即到即报、及时核实、加强研判、随时续报，速报事实，慎报原因，坚决杜绝迟报、漏报、谎报、瞒报。要坚持主动、及时、准确、有利、有序的原则，做到早发现、早报告、早研判、早处置、早解决的"五早"原则，在各种突发事件和危机面前，既要冷静，又要勇于负责，敢于决策，敢于担当，整合资源，调动各种力量，有序应对突发事件。而这些素质和能力，要依靠平时的训练和积累。

做好防震减灾工作任重道远。防震减灾志愿者要牢固树立宗旨意识、忧患意识、责任意识、大局意识、创新意识、科学意识，加强学习，提高能力，为努力做好防震减灾志愿工作奠定坚实的基础。

◇防震减灾志愿者应了解的常见地震宏观异常

多数学者倾向于认为，地震是有前兆的。一些较大地震发生之前，在未来的震中及其外围地区，会出现各种各样平时未曾出现过的很可能与地震活动有关的自然现象，也就是人们常说的地震异常或地震前兆。

地震异常分为地震微观异常和宏观异常，地震宏观异常指地震前出现的，不用仪器设备也可观测到的非常明显的异常现象。比如：平时清澈的井水忽然变浑了；往常乖巧的小狗突然狂叫不止；冬眠的蛇在冰天雪地中爬出了洞……这些现象是一种自然现象，却与平常的表现区别十分明显，那么，它极有可能就是地震宏观异常。

必须注意的是，这里说的是"可能"。也就是说，即使发生了这样一些现象，也不是百分之百地认定会发生地震，这些现象的发生还可能有另外的原因。比如：井水变浑，也可能是人为的扰动；小狗狂叫，也可能是生病等原因。因此，要特别注意区别出现的宏观异常现象是不是地震宏观异常，这对于防震减灾志愿者做好相关工作是非常重要的。

地震宏观异常种类纷繁，形式多样，到目前还没有统一的标准，下面是对一些常见的地震宏观异常进行的一种大致分类：

（1）地下流体异常

常见的地下水异常表现为：水位升降、物理性质异常（如：温度升降）、化学成分异常（如：变色变味等）；常见的地下气体异常表现为：气体溢出、翻花冒泡、燃气火球；常见的地下油气异常表现为：石油产量异常、深井喷油异常。

1975 年 2 月 4 日海城地震之前，先后发现 467 口井水位有升降变化；此外，出现井水翻花冒泡、变浑、变味、变色、浮油花等总共 449 起。

大地震之前，震区范围的地下含水岩石在构造运动的过程中，受到强烈的挤压或拉伸，引起地下水的重新分布，出现水位的升降和各种物理性质和化学变化，使水变味、变色、混浊、浮油花、出气泡等。由于地下水与河流之间存在互相补给的关系，震前地下水的变化，也会引起河水流量的变化。震前地下水发生的异常变化，是一种很重要的地震前兆现象。

（2）动物异常

据统计，目前已发现地震前有一定反常表现的动物有 130 多种，其中反应普遍且比较确切的有蛇、鼠、鸡、鹅、鸭、猫、狗、猪、牛、马、骡、羊、鸽、鸟、鱼类等近四十种。

1975 年 2 月 4 日，辽宁海城 7.3 级地震前，观察到很多动物异常，比如，2 月 2 日，盘锦某乡一群小猪在圈内相互乱咬，19 只小猪的尾巴被咬断；2 月 4 日震前，千山鹿场梅花鹿撞开厩门，冲出厩外；岫岩县石岭村一头公牛傍晚狂跑狂叫；岫岩县清峰村一只母鸡，在太阳落山时飞上树顶，不下来进窝……等等。

应该强调的是，动物异常的原因很复杂，很多时候与地震之间没有任何关系。所以在观察宏观变化时，一定要注意识别真伪，并及时向地震部门报告。

（3）植物异常

植物和动物一样，是一个具有生命活力的机体。在丰富的地震史料中，确实记载了不少有关植物在震前的异常现象。1668 年山东郯城大地震前，史书上就曾写道："十月桃李花，林擒实。"意思是说，我国北方十月份桃树、李树竟然繁花盛开，果实累累。显然，这是一种奇异的现象。1852年我国黄海地震前，也曾有"咸丰元年竹尽花，兰多并蒂，重花结实"，"咸丰二年夏大水，秋桃。李重华，冬地震"的记载。另外，史料上还有震前"竹花实"、"自冬及春，桃李实，群花发"等描述。近几十年我国发生的一些地震，也留下了一些有关震前植物异常现象的记载。

（4）地球物理场异常

1966年苏联塔什干发生地震，一位工程师听到左方传来发动机隆隆的响声，同时闪现出耀眼的白光，晃得睁不开眼，接着地震来了，差点把他摔倒在地上。地震过后，光也就暗下来了。这就是典型的地光异常。

此外，地球物理场异常还可能表现为：电磁场现象异常、地声等等。有学者认为，根据地声的特点，能大致判断地震的大小和震中的方向。一般说，如果声音越大，声调越沉闷，那么地震也越大；反之，地震就较小。

（5）地质现象异常

从多年来的大地测量结果中发现，我国几次较大的地震：如1966年邢台地震、1969年渤海地震、广东阳江地震、1970年云南通海地震、玉溪地震等等，震前都有地形变活动。地质现象异常一般表现为地裂缝、滑坡、坍塌等等。

我们已知道，地下断层的活动是大多数地震发生的直接原因，大地形变测量能够监视断层的活动，配合其他方法，如地声可监视断层微破裂等等，就有可能准确地判定断层活动的状态，从而为地震综合预报提供极其有用的参考资料。

（6）气象异常

1503年1月9日，江苏松江地震，震前有"风如火"的记载；

1668年9月2日，山东莒县地震，有"震前酷暑方挥汗、日色正赤如血"的记载……

地震前，尤其是大震前，往往会出现多种反常的大气物理现象，如怪风、暴雨、大雪、大旱、大涝、骤然增温或酷热蒸腾等，与此相应的温度、气压、湿度的变化，会使人体感到不适。

◇与地震无关的宏观异常现象有哪些特点

我们平时所观察到的"宏观异常"，大多数和地震没有关系。有时，由于人们对非震宏观异常不能及时加以区别，往往引起不必要的紧张。很多人往往面对接连而至的异常信息真假难辨，影响了对震情做出正确的判断。因此，对非震宏观异常进行深入研究，对于人们及时识别真假异常、掌握震情是非常必要的。有学者总结了非震宏观异常的如下一些基本特点：

（1）异常幅度低

与地震宏观异常相比，非震异常幅度一般较低，其异常反应难以达到非常强烈的程度。

例如，往年井水位在雨后上升变化0.8米，今年雨后上升0.6米或1米，一般都不是异常，这样的差异都属于正常动态变化的范围。但是如果井水位上升了2米或3米，则需"另眼看待"了，查一查以往有没有此类现象，特别是没有地震的年份出现过没有。若没有，才可考虑可能是宏观异常。

一般情况下，地震宏观异常对大地震反应有着特别明显的异常幅度，中强以上地震，特别是7级以上强烈地震有着超乎寻常的反应强度，其异常数量之多，范围之广，程度之烈，绝非一般非震异常所能比拟。

一般的地震活动不足以激起地球物理—化学场的强烈变化。

只有在较大地震前，在地壳应力场发生剧烈大调整的情况下，才可能导致地面异常区内种种宏观异常现象发生。当然，有些较高烈度的浅源小地震，也会引发一定数量的宏观异常。那也是由于（孕震）震源浅而在地表能引起强烈反应的结果。

此外，一般数量和程度的宏观异常，不足以引起人们的注意。只有大量的高强度异常，才会引起人们广泛的关注，进而导致异常尽可能多的被发现。

非震宏观异常与地震异常在成因上有着根本的区别，它是由近地表多种因素共同影响所产生的结果。所以，与地震异常相比，其异常种类和异常形态都表现出较明显的随机性特点。因此，非震宏观异常的形成缺乏统一的形成机制和剧烈的应力活动背景，它的形成和分布是随机和零散的，很难给人形成强烈的印象。

其实，若没有地球应力场的强烈变化，引起大范围大幅度变化强烈的宏观异常也不大可能。此外，对于人类生活而言，即使是地壳应力场的局部调整，反映在地球表面，也是相当大的范围。由区域地表因素引起的异常与大面积普遍发生的地震宏观根本无法比较，个别表现较为强烈的非震宏观异常，毕竟是小概率事件，既不会改变非震异常的特征，更不会对异常属性的总体判断产生影响。

（2）异常种类单一

非震宏观异常表现出强烈单一性。

首先是表现为异常种类的单一性，这是因为各类宏观异常有其特定的形成机制，局部干扰因素，不可能像地震因素那样引起全面的异常反应。

另一方面，还表现为单一异常种类的单一异常形态。以地下水异常为例，特定的时空区域内出现的异常可能以翻花、冒泡为主，也可能以水位升降为主，更多时以单一的水位上升或下降较为常见。这是由于在一定地表因素支配下，单一地质结构很少能导致地下水同时发生多种变化的缘故。

（3）异常不会随着时间的推移呈现有规律性发展趋势

地表干扰因素是随机干扰，干扰消失，异常不复存在，或者自然界新的平衡建立，原来的"异常现象"发生另外的转化，以新的方式正常存在下去。大震前的宏观异常，随时间的推移而发展，反映了震前应力场孕育发展的内在规律，具有从孕育、加强到爆发的阶段性发展过程。因此，由随机干扰引起的宏观异常，也不可能像地震异常那样有其特有的发生发展规律。

◇科学识别可能的地震宏观异常

国家倡导专群结合，希望防震减灾志愿者，也欢迎广大普通群众发现各种异常现象及时向当地地震部门反映，由专业人员进一步调查核实。但是，千万不要看到一些看起来像地震前兆的现象，就以为一定会发生地震，到处宣传，闹得满城风雨。因为一些看起来很类似的现象，有可能是别的原因引起的。

在实际工作中经常会发现，各类宏观异常出现之后，并没有发生地震。要注意观察的话，几乎天天都可在全国各地发现各种各样的宏观异常现象，但破坏性地震并不天天发生。在全国范围内，较多时一般也不过一年发生 1—2 次破坏性地震，少时几年发生一次。对一个地区而言，常常是几百年甚至 1—2 千年才会发生一次破坏性地震。这样的基本事实，说明引起宏观异常的原因可能是多种多样的，地震活动只是其中原因之一。

2002 年 5—6 月，四川省凉山州地区出现较多的宏观异常现象，在西昌、普格、冕宁、宁南等地共出现 80 多起，其中到现

结合实际，培训志愿者的日常工作技能

场落实的就有 40 多起。这些现象中有泉、池水变浑，溶洞水流量剧减，井水自溢自喷，老鼠成群搬家等等。这些现象，空间上多沿活动断裂带出现，时间上其数量日渐增多，由 5 月中旬的每日仅 1—2 起，到 5 月下旬多到每日 8—10 起，到 6 月上旬最多时达每日 20 起。

到 6 月 10 日晚 10 时 20 分左右，在西昌市的邛海，出现半夜"鱼跳龙门"的非常壮观的异常，在长约 3 千米、宽超百米的水面上，有成千上万条鱼蹦出水面，蹦高者可达 3—4 米。当渔船穿过该区查看时，竟然有几百斤鱼落在了船上。于是，有学者提出"未来一周内，在当地有可能发生大于 6 级地震"的预测意见。但是，随后，预测中的地震并没有发生，各类宏观异常也在几天后全部消失。这次异常可能只是一次强烈的地质构造活动的反映。

判定观察和观测到的自然界异常变化是否与未来的地震有关，常被称为"地震宏观异常识别"。它是地震宏观异常测报工作中的重要环节。地震宏观异常有时稍纵即逝，很多具有地震预报意义的宏观异常极易被忽视。许多地震前的宏观异常现象都是震后回想起来的，而在当时并没有引起注意。

识别宏观异常时，要防止两种倾向：一种倾向是震情不紧时，虽然出现了宏观异常，但不注意、不重视，没有识别出来；在震情紧张时，又容易出现另一种倾向，即把正常变化当作宏观异常看待。震情紧张时，有些人容易"见风就是雨"，缺乏科学的态度。识别宏观异常，一定要结合当地当时的具体情况，抓住本质的变化。有些宏观异常虽然也很显著，以前从没有见过，但也可能与未来地震无关，而只是由当地当时某些特殊原因造成。因此，要把识别出的宏观异常判定为地震宏观异常，要做很多工作，即异常的核实与震兆性质的判定。

在发现可能的地震前兆异常和异常落实工作中，一定要特别注意如下几点：

一是重科学。异常落实工作是一项科学性很强的工作，只有运用科学的思维、科学的态度、科学的方法，才可能获得科学的结论。

二是重事实。异常落实工作的基本要求是重事实，坚持实事求是的原则。要认真仔细地查阅有关资料；要带着"问题"深入现场做实际工作；要多调查多了解，防止"想当然"；必要时要动手，该试的一定要试，该测的一定要测。

三是重证据。无论是异常成因的判定，还是震兆性质的确认，力求要有六个依据，即：资料依据、观测依据、调查依据、试验依据、震例依据、理论依据。

四是重综合分析。异常的落实不仅关注异常个体的认识，而且要注意异常群体特性的综合分析，注意场源关系，注意时空演化等，从系统性、整体性、相似性等方面进行思考。

地震宏观异常有规律性，空间上受地质构造控制，时间上有同步性，种类上有广泛性，数量上有众多性。一旦发现宏观异常现象，应采取综合分析的方法科学判定。

再次强调，宏观异常出现，即使是出现有一定规模的宏观异常，目前还不能断定是地震的征兆。一定要正视宏观异常在地震预测中作用的局限性，决不能无条件地把宏观异常与地震挂钩，更不能单凭一两项宏观异常对震情作出判断，甚至作出预测。提取一批可能具有震兆意义的宏观异常之后，一方面要注意宏观异常的种类与规模、空间展布及其时空迁移的特征；另一方面还要与当地当时的小震活动性及微观异常一起进行配套分析，科学地分析与利用宏观异常信息。

◇协助乡镇、街道或社区做好避震疏散工作

避震疏散规划是从城市、街道或社区的实际情况出发，根据震时需要避震疏散的人口和可能作为避震疏散的通道、场地等，选择恰当的避震疏散方案，并规定好震时避震疏散的组织工作，以尽量避免震时可能出现的恐慌、不安，尽量减少因避震疏散失误所造成的损失。

1923年9月1日日本关东的7.9级地震，是一次教训非常深刻的地震。在这次地震中，东京市有4万人在某军服厂一个10万平方米的广场上避震，由于地震后引起火灾，大火袭击，消防车被堵，竟有3.8万人被活活烧死在广场上。而在这次地震中，全东京城因房屋倒塌砸死的仅有千余人。

可见，避震疏散工作的重要性。不论建筑工程抗震性能多强，搞好避震疏散工作都是非常必要和重要的。

那么，防震减灾志愿者如何协助乡镇、街道或社区做好避震疏散工作呢？

（1）避震疏散人口估计

将本乡镇、街道或社区辖区内的常驻居民人数作为避震疏散的人口基数，在此基础上，再考虑流动人口的避震疏散。

当然，在估计避震疏散人口时，除对人口总数进行估计外，还须了解人员年龄构成状况。因为在遭到地震袭击时，儿童、老年人和部分残疾人缺乏自救能力，因此，成年人不仅要自救，还有救护儿童、老年人和残疾人的责任和义务。

（2）选择适当的避震疏散场地

避震疏散场地是指发生大地震时，供从附近（包括周围地区）

避震疏散来的居民临时生活的地方。应急避难场所的建设要求有很多方面，作为避震疏散场地的应急避难场所在面积方面应该有一定的要求，一般地说，人均疏散面积应不少于1.5平方米。

（3）规划好避震疏散通道

作为避震疏散通道，应满足下列要求：

①尽量选择交通量小的道路。当用主干道作避震疏散通道时，路两侧应划出禁止车辆通行的人行道，并树立标记。

②要拆除道路两侧抗震性能差的各类建筑物和装饰品。不拆除时，要进行加固或列入加固计划。

③桥梁的抗震可靠度应予提高。

④道路宽度应根据避难总人数、平均距离、疏散时间、步行速度以及队伍密度等加以考虑。

（4）做好避震疏散组织工作

社区的避震疏散组织工作由社区（或街道）抗震救灾指挥部统一指挥、综合协调，防震减灾志愿者可协助做好实施工作。

避震疏散组织工作包括避震疏散方案的选择、避震疏散方式的确定等。

避震疏散方案可考虑三种：就地疏散方案、中程疏散方案和远程疏散方案。

就地疏散方案——指震时基本上不离开自己的家园，不出机关大院、工厂、学校、商业区和居住小区。就地疏散场地主要包括房屋之间的空地、街道公园、路边绿化带、小游乐园、中小学操场以及其它公共场所等。就地疏散人员可就近照顾自己门户，守卫公共财产。

中程疏散方案——疏散半径一般在1—2千米之内，且在半小时内可步行到达。疏散场地可选择公园、绿地、广场、学校

139

运动场、体育场、有安全出入口的地下室、人防工程等，另外，抗震性能好的房屋也可以作为集中疏散的场地。

远程疏散方案——指往外地遣送、分散老弱病残和愿意暂时移居外地避震的居民，这种方案有利于减轻震时城区的压力，但必须保证转移过程中的安全。

上述三种方案，主要是依据震情而定，一般情况下是三者兼用。

避震疏散方式主要是指导本社区居民按预案中的安排分配避难场地，安排疏散通道，指挥人员疏散，并做好居民生活安置等各项工作。

◇根据三类基本标志性现象程度评定地震烈度

《中国地震烈度表》（GB/T17742—1999）作为我国的国家标准，于1999年4月发布并实施。在《中国地震烈度表》中，规定了三类现象作为衡量地震烈度的指标，即："地面上人的感觉"、"房屋震害现象"、"其他震害现象"。某一地方的地震烈度，可以根据这三类基本标志性现象程度，进行定性地评定。

"地面上人的感觉"包括室内的人和室外的人，静止中人和运动中人。

"房屋震害现象"是指未经抗震设计、施工或加固的一般房屋，包括单层或数层砖混和砖木房屋所出现的震害现象。

"其他震害现象"，一是指悬挂物和不稳定器物对地震的反应，如吊灯摆动、门窗响动；二是指砖烟囱和石拱桥的裂缝倒落损坏或破坏；三是自然环境震害现象，就是地面上层的裂缝、塌方、喷砂冒水和岩层上层的滑坡、断裂等等。

在《中国地震烈度表》中，涉及数量统计，要注意关于数量词的特定含义。相关的国家标准中的界定是："个别"为10％以下；"少数"为10％—50％；"多数"为50％—70％；"大多数"为70％—90％；"普遍"为90％以上。

《中国地震烈度表》是调查震害现象、评价地震灾害影响的有效工具，也是防震减灾志愿者观察、调查与判断地震灾害程度的依据。

地震发生时，协助进行灾情速报的志愿者应认真体会地震动感的形式和程度，注意所处环境物体的变化，继而对附近的房屋、景物进行观察，然后对照《中国地震烈度表》中的三类基本标志性现象，粗略估计判断地震的影响或灾害程度。

首先要特别注意人的感觉，以动感"量"的差别去断定地震的大小。如少数人有感，地震多在Ⅳ度以下，如多数人有感，地震可达Ⅴ度，通常Ⅲ—Ⅴ度地震，称为有感地震。如站立不稳、行走困难，则地震可能达到Ⅵ—Ⅷ度，通常把Ⅴ度以上地震，称为强有感地震。当然强有感地震就可能有破坏了。

在分析人的感觉之后，结合对附近的房屋、景物的观察，就可对震情灾情轻重程度进行判断。如果"人的感觉"现象一般，仅仅使人"有感"，无房屋的损坏现象，这说明地震的影响程度较轻，相当于烈度Ⅵ度以下。如果还出现了轻微的"房屋震害现象"、"其他震害现象"，则表明地震较大，肯定是"强有感"，甚至可能是轻微破坏。房屋和其他震害在程度上差别很大。如果不仅出现而且从"量"上看程度不轻，那么就形成相当程度的灾害了。

防震减灾志愿者根据自己感受和观察身边的上述三类基本现象，可迅速做出首次速报。但是，初次速报的情况常常是粗浅的。进一步说，在负责的地域内，是否有人受到伤害？究竟是"强有感地震"、还是哪种程度"破坏性地震"的情况？手头掌握的情况是个别的还是普遍的？是否还存在更严重的情况？公私财物、房屋建筑和有关生命线设施发生怎样的损坏？这些问题，常常在进行首次速报时，还没有答案。所以，参加速报的防震减灾志愿者必须尽快调查了解自己负责的区域内的三类基本现象信息，以便进一步报告。具体行动建议如下：

第一，根据自身感觉和其他人的感觉、连同所在建筑物的动态，如果初步估计出"不仅仅是强有感地震，可能有损坏"之后，又识别到出现了诸如墙裂缝、檐瓦掉、烟囱裂或掉等损坏或局部破坏的震害现象，便可粗略估计：这种情况已经是损坏或轻度破坏了。那么，下一步调查收集情况的重点是：室内和室外人的感觉；是否有人伤亡，其程度和数量如何；人群的震后行为和社会动态。

第二，根据自身感觉和他人感觉，连同建筑物的情况，如果初步估计"绝对不是强有感地震，也不仅仅像是有些损坏的地震，看来还要严重"，接着再查看四周环境，如房屋建筑物破坏较重，这时便可粗略估计：这些现象表明已经达到Ⅷ度或大于Ⅷ度。这样，下一步调查收集情况的重点就可以放在建筑物破坏的程度；人员伤亡数量；人群的震后行为和社会动态；地震造成的其他危急的震害现象等方面。

◇广泛开展防震减灾社会动员工作

从慷慨捐赠到关注款物管理使用效能，从关心救灾应急到关注国家综合减灾能力，从自发参与抢险救灾到自觉投身志愿服务、社区建设等减灾救灾工作……近年来，社会各界参与减灾救灾工作更趋理性，营造了全社会关注、支持减灾救灾的良好氛围，为减灾救灾事业快速发展提供了强大推力。目前，我国仍需进一步加强防灾减灾社会动员能力建设，完善防灾减灾社会动员机制，形成全社会积极参与的良好氛围。在这项工作中，防震减灾志愿者可以发挥积极的作用。

防震减灾社会动员是在各级政府的统一领导和组织下，开展防震减灾科学知识和法制宣传教育，动员人民群众广泛参与防震减灾工作，依靠全社会的力量，促进防震减灾事业发展，实现我国防震减灾奋斗目标的群众性运动和过程。它以人民群众的防震减灾需求为基础，以宣传教育为手段，以公众参与为原则，以自我完善为途径，以安全防震减灾为目标。

为了实现社会发展前提下的防震减灾奋斗目标，必须要动员社会的各个方面的认可和参与，包括各级政府及其部门的决策者、管理者、技术人员，社会团体和组织，工商业界，社区、家庭和个人；必须要有强有力的协调和激励机制来推动。

广泛的群众基础是社会动员成功的必备条件。根据世界各国和我国防震减灾实践，充分利用各种社会力量和资源，开展全社会深入持久的防震减灾科学知识与法律法规知识宣传教育，最大限度的增强全社会防震减灾意识，是组织、培育防震减灾社会动员的群众基础最直接、最有效的手段。

在现阶段我国防震减灾信息传播的形式主要包括两类：一类是人际传播，即防震减灾宣传教育工作者针对接受宣传对象的具体情况，通过传播防震减灾知识并传授有关防震减灾技能，说服其改变不科学的防震减灾状态及行为的过程。另一类是大众传播媒介，即指用于大众传播过程的技术性媒介，包括：印刷媒介，如报纸杂志、宣传栏等；电子媒介，如广播、电视、网络等。在防震减灾社会动员中防震减灾信息交流和传播具有关键性的作用，因此必须将现代传播媒介及传统交流方式（如人际传播）相结合，用于倡导政府防震减灾主张，采取具体行动步骤促进社区广泛参与，赢得全社会支持，合理配置资源，增强全社会防震减灾意识，提高综合防震减灾能力。

防震减灾信息传播在社会动员中的作用体现在以下三个方面：在决策层，通过防震减灾信息传播创造一个认识和支持防震减灾行动的决策环境，优化和合理配置防震减灾发展资源；在基层，防震减灾信息传播可以动员社区和个人多渠道正确参与防震减灾活动；在中层，防震减灾信息传播起着承上启下，沟通政府与社区、组织、个人的作用。

防震减灾社会动员的对象主要包括政府、社区家庭与个人、非政府组织、专业人员和学校。

（1）政府

基于我国国情和防震减灾实践，开展防震减灾的各种努力没有强有力的政府领导是难以实现的。因此要利用各种机会，大力宣传，积极主动地争取各级政府从政策、决策上对防震减灾及其社会动员需求的支持，使各级政府真正把做好防震减灾当作政府的职责和当地政治经济发展的一部分。社区要创造各种机会，利用各种手段，如汇报、请政府有关部门参加防灾活动等，让政府从决策者角度认识到防震减灾在公共安全和社会经济发展中的重要地位和作用。

（2）社区家庭与个人

防震减灾涉及每个社会成员，在增强防震减灾意识，提高全社会防震减灾能力的过程中，社区家庭和居民个人发挥着重要的作用。防震减灾志愿者应协助社区切实担负起社区防震减灾组织动员责任，为社区群众提供有关防震减灾知识和技术，普及防震减灾科学知识，促使社区每个社会成员积极正确参加社区的各项防震减灾活动，把政府的决策和群众力量紧密地结合起来，达到增强社区群众防震减灾意识和能力的目的。

（3）非政府组织

非政府组织在社会发展的地位日异重要。在防震减灾社会动员中，要充分发挥共青团、妇联、工会组织、学会、协会和宗教团体等组织的作用和影响。在少数民族地区，要注意动员关键人物（如宗教领袖）对防震减灾工作的认识，通过他们以适当途径向广大群众宣传防震减灾的意义。

（4）专业人员

各级地震部门的专业人员是防震减灾社会动员服务的提供者。尤其是市县基层地震部门的工作人员，其生活、工作在当地居民中间有着很大的影响力。他们的行为不仅直接影响到政府各项防震减灾政策措施的组织落实，而且在与居民的日常接触中，他们的言行在很大程度上影响着居民的防震减灾意识、行为和能力。因此，要充分发挥专业人员在社会动员中的作用。

（5）学校

我国防震减灾宣传教育实践表明，在中小学生中开展防震减灾教育可以起到事半功倍的效果。因此，要通过适当的宣传与动员，让中小学生从小树立科学的世界观、自然观，提高防震、避震和自救避险能力。通过教育一个孩子，带动一个家庭，辐射整个社会，以达到人人热心参与防震减灾工作的目的。

◇把握关键环节，做好防震减灾宣传活动

防震减灾宣传，是一种科普宣传活动。在平时，防震减灾

志愿者可考虑运用多种宣传手段进行宣传：特定场合小范围面对面的宣传，要运用语言、姿势、表情等宣传手段；面向大众的宣传，要通过大众传播媒介，如报纸、杂志、书籍等印刷媒介和广播、电视、微信等电子媒介；理论文章、文艺演出、新闻报道也可作为宣传手段；一面旗帜，一枚徽章，一件文化衫，一个小模型……等等，都可以成为宣传手段。

尽管防震减灾宣传可以划分为各种形式和不同层次，但它们具有共同的特点：一是目的性。所有宣传者都旨在影响受众，力图使受众按宣传者的意图采取行动。二是社会性。防震减灾知识的宣传要面向社会各行业、各阶层，以求影响最大多数的受众。三是现实性。这主要表现在宣传目标、宣传材料和宣传效果等方面。没有现实的宣传目标和宣传材料，就不能获得现实的防震减灾宣传效果。四是附合性。防震减灾宣传往往依附于其他的文化传播领域。比如，新闻是宣传最易依附的手段，教育也是宣传易于依附的领域。因为教育是人的社会化基本途径。人们通过接受教育获取有关社会的和自然的各种知识，建立人生观念和价值观念。因而，高层次的防震减灾宣传活动，比如讲座等等（灌输方式）常常是最容易、最常见的宣传手段。此外，文艺也是进行防灾宣传的一种好形式，寓教于乐，动之以情，效果显著。

为了切实做好防震减灾宣传活动，防震减灾志愿者要把握好如下几个关键环节：

（1）确立明确的宣传目标

宣传目标就是试图通过宣传期望给社会和人们带来的某种变化。宣传目标的设置，总是与宣传所依附的领域内容密切结合的。防震减灾宣传，就是通过一定的宣传方式或活动，使一定数量的特定人群，在某种程度上提高防震减灾意识，掌握地震监测、震害防御、应急避险、自救互救等方面的知识和技能。在设置防震减灾宣传目标的时候，要注意明确和务实，既要有一定的挑战性，确保取得显著效果，又要循序渐进，不能指望一蹴而就。对于防震减灾志愿者来说，做好本辖区内的宣传工作就是最好的目标。

（2）了解宣传对象的情况

任何宣传都须确定相应范围的受众。防震减灾宣传活动的受众的范围，要根据宣传的目的和内容确定。通常从四个方面了解受众，追求宣传效果：一是了解受众的切身利益和所关心的问题，宣传的内容应与之相符；二是了解受众接受宣传的态度，对赞成、中立、反对甚至带敌意的不同受众，采用不同的宣传方式；三是了解受众所处的环境，一些对宣传持中立或反对态度的受众，在一定环境的社会压力下容易改变态度；四是了解受众接受宣传的能力和水平，如以前已掌握或接触过哪些知识，阅读能力、理解水平等等。

（3）选择适合的宣传内容和宣传形式

宣传内容和宣传形式的选择主要考虑要有助于宣传目标的实现。宣传内容的选择通常贯彻现实性和关联性原则，给受众以科学、现实的思想和理论以及具体、生动的事实材料，否则难以达到宣传目的。同时，所选择的思想、理论和事实材料，须和受众的利益、经验及接受能力相关。宣传形式的选择取决于宣传内容和宣传对象，同时要求鲜明性和多样性。鲜明性表现在准确、生动地表达思想观点，多样性则可通过各种新鲜形式重复思想观点，以加深受众的印象与记忆。

比如，宣传地震的危害和抗震设防的重要性，可以通过播放视频的形式，展示强震发生时，不同结构房屋的破坏程度和影响因素，加深受众的印象，自觉树立科学防灾的意识。

（4）评估宣传效果

防震减灾宣传活动并非一次性的单向传播过程。因此，调查、评估宣传效果，不断调整宣传的内容、手段和宣传的步骤，分析、排除反宣传的干扰（如误解、曲解），是进行有效宣传的一项重要程序。对宣传效果的评估，可采取抽样调查的方式，随机调查访问宣传活动对受众产生的影响，倾听、观察、记录受众对宣传的反映。

◇精心策划防震减灾宣传活动方案

为了成功地组织街道、社区进行科普宣传活动，需要把握的一个最关键的环节，就是要制定好宣传活动方案。也就是为了做好防震减灾宣传活动所制订的书面计划，具体行动实施办法细则、步骤等。对具体将要进行的宣传活动进行书面的计划，对每个步骤详细分析、研究，以保证活动顺利、圆满进行。

一个好的防震减灾宣传活动方案，至少应包括如下内容：活动的标题（主题），活动背景，活动时间，活动的目的、意义和目标，资源需要，活动参加人员，具体负责组织人员，活动内容、安排和活动过程、经费预算，等等。

"活动背景"可在以下项目中选取内容重点阐述：基本情况简介、主要执行对象、近期状况、组织部门、活动开展原因、社会影响以及相关目的动机。

"活动目的、意义和目标"应用简洁明了的语言将其要点表述清楚。在陈述目的要点时，该活动的核心构成或策划的独到之处及由此产生的意义（经济效益、社会利益、媒体效应等）

都应该明确写出。活动目标要具体化，并需要满足重要性、可行性、时效性等。

"资源需要"部分应列出所需的人力资源、物力资源、活动地点（如教室或使用活动中心），还应该标明列为已有资源和需要资源两部分。

"活动内容、安排和活动过程"是方案的主要部分，表现方式要简洁明了，使人容易理解，但表述方面要力求详尽，写出每一点能设想到的东西，没有遗漏。在这一部分中，不仅仅局限于用文字表述，也可适当加入统计图表等。对策划的各工作项目，应按照时间的先后顺序排列，绘制实施时间表有助于方案核查。人员的组织配置、活动对象、相应权责及时间地点也应在这部分加以说明，执行的应变程序也应该在这部分加以考虑。

这里可以提供一些参考方面：会场布置、接待室、嘉宾座次、赞助方式、合同协议、媒体支持、社区宣传、广告制作、主持、领导讲话、司仪、会场服务、电子背景、灯光、音响、摄像、信息联络、技术支持、秩序维持、衣着、指挥中心、现场气氛调节、接送车辆、活动后清理人员、合影、餐饮招待、后续联络等。在实践中可根据实际情况和具体安排自行调节。

"经费预算"要尽可能的详细精确，活动的各项费用在根据实际情况进行具体、周密的计算后，用清晰明了的形式列出。

制定好了街道、社区的宣传活动方案，经请示政府相关部门并得到批准后，就可以按部就班地组织实施了。

需要特别注意的是，在制定和实施"方案"的过程中，要充分考虑各种细节，并保持一定的灵活性。比如，嘉宾的座次安排、拍摄照片和录像的角度及光线情况，万一出现不利天气情况如何应变等等。

在成功地组织一次（或一系列）防震减灾宣传活动之后，还要善于进行和撰写书面总结。

防震减灾宣传活动总结的主要内容一般包括：活动主题、活动形式、发放了哪些宣传品和宣传材料、参与者、参加人数、人员分工、活动开始和结束的时间、活动地点、活动成效、活动感想和体会等。

需要特别注意的是，在进行总结时，成绩要说够，问题要写透。经验体会是总结的核心，是从实践中概括出来的具有规律性和指导性的东西。能否概括出具有规律性和指导性的东西，是衡量一篇总结好坏的关键。对一次防震减灾宣传活动，只有进行认真的总结，才能查找不足，积累经验，改进方法，提高实效，不断提升组织宣传活动的难度，强化防震减灾宣传的效果。

◇科学组织和安排地震应急演练活动

地震应急演练是检验应急预案、完善应急准备、锻炼应急队伍、磨合应急机制的重要手段。

通常，地震应急演练目的包括如下几点：一是检验地震应急预案的科学性。通过开展应急演练，查找应急预案中存在的问题，进而完善应急预案，提高应急预案的实用性和可操作性。二是完善各项准备活动。通过开展应急演练，检查应对突发地震事件所需应急队伍、物资、装备、器材、技术等方面的准备情况，发现不足及时予以调整补充。三是锻炼队伍。通过开展应急演练，增强演练部门、参与单位、参演人员等对地震应急预案的熟悉程度，掌握应急处置的实战技能，提高各级领导和居民的应急处置能力。四是磨合机制。通过开展应急演练，进一步明确相关单位和人员的职责任务，理顺工作关系，完善应急联动机制。五是促进防震减灾科普宣传教育。通过开展应急演练，普及应急知识，提高公众风险防范意识和自救互救等灾害应对能力。

为了协助组织和安排好地震应急演练活动，防震减灾志愿者应做好如下几个方面的工作：

（1）把握一定的原则

为了科学合理，取得实效，组织地震应急演练，要把握一定的原则：

一是结合实际、合理定位。根据本辖区的风险排查评估情况和应急管理工作实际，根据场地情况和参加人员情况，确定演练方式和规模。

二是着眼实战、讲求实效。从应对地震突发事件的实战需要出发，以提高应急指挥人员的指挥协调能力、应急队伍的实战能力为着眼点。要重视对演练效果及组织工作的评估，总结推广好经验，及时整改存在问题。

三是精心组织、确保安全。精心策划演练内容，科学设计演练方案，周密组织演练活动，制订并严格遵守安全措施，确保参演人员及演练装备设施的安全。

四是统筹规划、厉行节约。统筹规划地震应急演练活动，适当开展跨社区、甚至跨街道、跨区县、跨行业的综合性演练，力争一次活动能有多项收获，充分利用现有资源，提高应急演练效益。

（2）成立应急演练组织机构

演练活动应在本地地震应急预案确定的应急领导机构或指挥机构领导下组织开展。演练组织单位要成立由相关单位领导组成的演练领导小组，通常下设策划部、保障部和评估组。对于不同类型和规模的演练活动，按照演练的规划可以适当调整应急预案确定的组织机构和职能。

演练策划部负责应急演练总体策划、演练方案设计、演练实施的组织协调、演练评估总结等工作；在策划部的指导下，演练保障部负责演练所需物资装备的调集，准备演练场地、模型、道具、场景，维持演练现场秩序，保障运输车辆，保障人员生活和安全保卫等，一般抽调演练组织单位及参与单位的相关业务人员组成；演练评估组负责设计演练评估方案和撰写演练评估报告，对演练准备、组织实施及其安全事项等全过程、全方位进行观察、记录和评估，及时向演练领导小组、策划部和保障部提出意见、建议。

（3）总体筹划演练活动

应根据本市、本地区、本街道的地震应急管理工作具体要求实际统筹规划，周期性组织应急演练活动。比如，可考虑每年组织一次较小规模的居民演练活动，每两三年组织一次大型演练活动。

在筹划时，首先要落实演练组织单位。一般地说，演练活动应分主办单位、承办单位、协办单位。主办单位牵头组织、整体筹划、综合协调；承办单位具体组织实施、落实相关措施；协办单位主动参与、密切配合。演练活动的演练组织单位负责承担主办单位的职责。

接下来要确定演练规模和参加人员。按照地震应急预案的要求，在经费允许的前提下，尽可能让居民广泛参与、多部门参加、全过程实施，动用的人力和装备、器材以少代多、以虚代实，规模适度，尽量做到一次演练活动能够多方受益。

参演人员包括地震应急预案明确的成员单位工作人员、各类专兼职应急救援队伍、志愿者队伍、社区居民等。在具体实施中，还可考虑邀请上级领导或地震局专业人员参加指导。

在落实了单位和人员之后，就要考虑安排具体的演练时间。对于一般的地震应急演练来说，可安排在地震形势比较紧张或"5·12"、"7·28"等特殊时段进行。

最后还要安排具体的演练计划。按照演练活动的整体构想，安排演练准备与实施的日程计划；演练事件情景，人群疏散与安置方案、演练实施步骤、后勤保障、安全注意事项等。必要时，还要编制演练经费预算，考虑提出经费筹措渠道。

（4）编写演练方案文件

根据演练类别和规模的不同，演练方案可以编为一个或多个文件。编为多个文件时主要有演练人员手册、演练宣传方案、演练脚本等，分别发给相关人员。

演练人员手册内容主要包括演练概述、组织机构、时间、地点、参演单位、演练目的、演练情景概述、演练现场标识、演练后勤保障、演练规则、安全注意事项、通信联系方式等（可不包括演练细节），发放给所有参加演练的人员；演练宣传方案主要包括宣传目标、宣传方式、传播途径、主要任务及分工、技术支持、通信联系方式等；演练脚本描述演练场景设计、处置行动、执行人员、指令与对白、视频背景与字幕、解说词等。

（5）进行组织演练动员与培训

在演练开始前，要进行演练动员，确保所有演练参与人员掌握演练规则、演练情景和各自在演练中的角色、任务。

所有演练参与人员都要经过应急基本知识、演练基本概况、演练现场规则等方面的培训。对安全保卫人员，要进行演练方案、演练过程控制和管理等方面的培训；对参演人员，要进行应急预案、应急技能及个人防护装备使用等方面的培训。

（6）应急演练实施

演练正式启动前，一般要举行简短仪式，由参加演练活动的最高行政首长或演练总指挥宣布演练开始。

演练总指挥负责演练实施全过程的指挥控制。参演人员根据控制消息和指令，按照应急预案的程序和演练方案的规定实施处置行动，完成各项演练活动。

在演练实施过程中，可以安排专人或专业播音员对演练过程进行解说。解说内容一般包括演练背景描述、进程讲解、案例介绍、环境渲染、应急知识宣传等。

演练内容全部完成后，由总策划发出结束信号，演练总指挥宣布演练结束。演练结束后所有人员停止演练活动，按预定方案集合进行现场总结讲评，或者组织参演人员撤离演练现场，保障部负责演练场地的清理和恢复。

演练出现意外情况时，演练总指挥与其他领导小组成员会商后，可提前终止演练。

（7）演练总结

在演练结束后，根据演练记录、应急预案、现场总结等材料，对演练进行总结，并形成演练总结报告。最好列出发现的问题与原因、经验和教训以及工作改进建议等。

提高志愿者应急救援知识和能力

目前在各国的灾害应急救援行动中，大量的志愿者队伍参与其中，已成为应对危机的一支重要辅助力量，参与应急救援工作也成为志愿者组织一项越来越重要的新功能。在近年发生的几次破坏性地震应急救援实践中，以志愿服务为基础的我国各类社会组织，在成为政府救援力量的重要伙伴的同时，也表现出了专业化、组织化亟待提高的不足。只有掌握足够的应急救援知识，提高实践能力，防震减灾志愿者才能发挥更加积极和重要的作用。

◇建立完善的应急救援体系是防震减灾工作的重要内容

早在工业革命的初期，一些工业发达国家就开始关注应急救援问题。随着经济的发展和社会的进步，应急救援工作已经成为整个国家危机处理的一个重要组成部分。尤其是进入 20 世纪 90 年代以后，一些工业发达国家把应急救援工作作为维护社会稳定、保障经济发展、提高人民生活质量的重要工作内容。事故应急救援已成为维持国家管理能够正常运行的重要支撑体系之一。例如，美国、欧盟、日本、澳大利亚等国家，都已经建立了运行良好的应急救援管理体制，在包括应急救援法规、管理机构、指挥系统、应急队伍、资源保障和公民知情权等方面，形成了比较完善的应急救援体系。这些救援体系在减少和控制事故人员伤亡和财产损失方面发挥了重要作用，成为经济和社会工作中重要的政策支柱。

美国在 20 世纪 70 年代以前，应急工作采用的是地方政府各自为战、社会救援力量和国家救援力量并存的体制。由于体制上的不顺，一旦发生突发事件时，国家很难把这些救援力量统一协调起来，使国家应对危机的能力受到很大的限制。

1979 年后，通过立法，美国将全国 100 多个联邦应急机构的职能进行统一领导、统一指挥，成立了联邦紧急管理署（FEMA），接管联邦保险局、国家火灾预防和控制管理局、国家气象服务组织、联邦灾害管理局的一些工作。FEMA 是一个独立的、直接向总统负责的机构。下设国家应急反应队，该队由 16 个与应急救援有关的联邦机构组成，实施应急救援工作。

联邦和州均设有应急救援委员会，负责指挥和协调工作。

FEMA在应对各类重大事故或突发事件中发挥了重要作用。在"9·11"事件之后，美国进一步地加强改善了国家应急救援的工作体制和机制，增加了财政投入，其应对社会危机的能力得到进一步的增强。

例如，2003年8月14日美国东部地区突发大范围停电事故，涉及纽约、新泽西、俄亥俄和康涅狄克4个州，停电时间长达29小时，数千万人口受其影响。由于有严密的应急体系、完善的预案和高效应急工作，特别是"9·11"事件后应急能力建设的加强，在国家级的统一调度指挥下，整个事件的应急工作如消防、地铁人群疏散、电梯救助、供水等基本做到了井然有序，没有引发连锁灾害，在纽约1900万人口中，仅有1人死于心脏病突发，1名消防队员在灭火中受伤。

总体上来说，经过多年努力，工业发达国家和一些发展中国家都建立了符合自己国家特点的应急救援体系，包括建立国家统一指挥的应急救援协调机构，拥有精良的应急救援装备，充足的应急救援队伍，完善的工作运行机制。其中值得我们学习和借鉴的经验包括：

（1）及时上报灾情

20世纪80年代以来，全球逐步建立了若干个以灾害信息服务、灾害应急事务处理为目标的灾害信息系统，分别是全球危机和应急管理网络、全球应急管理系统、国际灾害信息资源网络、拉丁美洲区域灾害准备网络、紧急响应联系、模块化紧急管理系统、日本灾害应变系统。在灾害信息共享、协助各国政府制定减灾决策、对国民进行防灾教育、处理紧急灾情等方面，发挥了十分重要的作用。

（2）建立专门的灾害应急管理机构

当前，国际社会主要有两类救灾体制：一是以美日为代表的国家有专门协调机构，其他机构进行配合，如美国联邦紧急事务署。该机构集成了原先分散于各部门的灾难和紧急事件应对功能，可直接向总统报告，大大强化了美国政府各机构间的应急协调能力；二是以俄罗斯为代表，设立紧急救援部，配备专门部队和实施单独救灾。

（3）鼓励社会资本的投入

国际社会中，社会资本广泛地参入到救灾行动中。美国应急管理体系就特别注重建立民间社区灾难联防体系，通过各种措施吸纳民间社区参与危机管理。一是制定各级救灾组织、指挥体系、作业标准流程及质量要求与奖惩规定，并善用民间组织及社区救灾力量；二是实施民间人力的调度，通过广播呼吁民间的土木技师、结构技师、建筑师、医师护士等专业人士投入到第一线的救灾工作中；三是动员民间慈善团体参与赈灾工作，结合民间资源力量，成立民间赈灾联盟；四是动员民间宗教组织，由基层民政系统邀请地方教堂、寺庙的领导人成立服务小组，有效调查灾民需求，并建立发放物资的渠道。

（4）培养公民的灾害应急意识

许多国家重视对公民危机意识的培养和熏陶。日本是个灾害多发的国家，政府专门出版了《建筑白皮书》、《环境白皮书》、《消防白皮书》、《防灾白皮书》、《防灾广报》等10余种刊物介绍有关防灾减灾内容。住房附近长期备有矿泉水、压缩饼干、手电筒以及急救包。韩国政府则通过印制图文并茂的防灾宣传和教育手册，教授民众防灾的经验，并规定每年的5月25日为"全国防灾日"，举行全国性的"综合防灾训练"。通过防灾演习，让政府官员和普通群众熟悉防灾业务，提高应对灾害的能力。

国外应急救援体系的发展过程既有先进的经验值得我们借鉴，也有一些教训应当汲取。例如，应急救援工作的组织实施必须具有坚实的法律保障；应急救援指挥应当实行国家统一领导、统一指挥的基本原则；国家要大幅度地增加应急体系建设的整体投入；中央和地方政府要确保应急救援在国家政治、经济和社会生活中不可替代的位置；应急救援的主要基础是全社会总动员等等。

◇地震灾害在分级和分级响应方面的规定

地震灾害分级响应是以地震灾害分级为基础的，依据相关法律法规和《国家地震应急预案》规定的响应分级采取的应急措施，包括灾害分级、响应分级、响应级别确定和响应措施的采取几个层面的内容。它是地震应急救援法律制度中的核心内容和关键环节。防震减灾志愿者正确而全面地理解地震灾害分级响应的适用，是做好地震应急救援工作的首要内容。

地震灾害分为特别重大、重大、较大、一般四级。

特别重大地震灾害是指造成300人以上死亡（含失踪），或者直接经济损失占地震发生地省（区、市）上年国内生产总值1%以上的地震灾害。当人口较密集地区发生7.0级以上地震，人口密集地区发生6.0级以上地震，初判为特别重大地震灾害。

重大地震灾害是指造成50人以上、300人以下死亡（含失踪）或者造成严重经济损失的地震灾害。当人口较密集地区发生6.0级以上、7.0级以下地震，人口密集地区发生5.0级以上、6.0级以下地震，初判为重大地震灾害。

较大地震灾害是指造成10人以上、50人以下死亡（含失踪）

或者造成较重经济损失的地震灾害。当人口较密集地区发生 5.0 级以上、6.0 级以下地震，人口密集地区发生 4.0 级以上、5.0 级以下地震，初判为较大地震灾害。

一般地震灾害是指造成 10 人以下死亡（含失踪）或者造成一定经济损失的地震灾害。当人口较密集地区发生 4.0 级以上、5.0 级以下地震，初判为一般地震灾害。

根据地震灾害分级情况，将地震灾害应急响应分为Ⅰ级、Ⅱ级、Ⅲ级和Ⅳ级。

应对特别重大地震灾害，启动Ⅰ级响应。由灾区所在省级抗震救灾指挥部领导灾区地震应急工作；国务院抗震救灾指挥机构负责统一领导、指挥和协调全国抗震救灾工作。

应对重大地震灾害，启动Ⅱ级响应。由灾区所在省级抗震救灾指挥部领导灾区地震应急工作；国务院抗震救灾指挥部根据情况，组织协调有关部门和单位开展国家地震应急工作。

应对较大地震灾害，启动Ⅲ级响应。在灾区所在省级抗震救灾指挥部的支持下，由灾区所在市级抗震救灾指挥部领导灾区地震应急工作。中国地震局等国家有关部门和单位根据灾区需求，协助做好抗震救灾工作。

应对一般地震灾害，启动Ⅳ级响应。在灾区所在省、市级抗震救灾指挥部的支持下，由灾区所在县级抗震救灾指挥部领导灾区地震应急工作。中国地震局等国家有关部门和单位根据灾区需求，协助做好抗震救灾工作。

地震发生在边疆地区、少数民族聚居地区和其他特殊地区，可根据需要适当提高响应级别。地震应急响应启动后，可视灾情及其发展情况对响应级别及时进行相应调整，避免响应不足或响应过度。

应急结束的条件是：地震灾害事件的紧急处置工作完成；地震引发的次生灾害的后果基本消除；经过震情趋势判断，近期无发生较大地震的可能；灾区基本恢复正常社会秩序。达到上述条件，由宣布灾区进入震后应急期的原机关宣布灾区震后应急期结束。

◇地震灾害紧急救援队伍的基本组成

参照联合国国际搜索与救援咨询团（INSARAG）建议和世界各国城市灾害搜索与救援队的组织机构，结合我国实际情况及多次大地震救援行动的经验教训，国家地震灾害紧急救援队专家提出，专业地震灾害紧急救援队由管理组和下设 6 个专业组（分队）组成，每一个专业组也可扩充为分队，如搜索分队、营救分队等。震后参与应急救援的志愿者队伍，可根据自身队伍人员力量情况参照专业救援队的组织进行设置。

（1）管理组

管理组为救援队的指挥决策机构，由救援队长、安全官和联络官等成员组成。其主要职责为：负责救援队日常工作和接受上级机构的命令，接受上级分配的任务；负责制定并实施救援队发展规划、救援人员培训考核计划；负责组建救援行动队，任命救援行动队长；组织现场救援行动；发布救援队相关信息。

（2）搜索组

搜索组的主要职责是：参与制定搜索仪器更新计划和负责搜索仪器维护保养；负责灾害现场组织并实施物理搜索、仪器搜索和犬搜索行动。

（3）营救组

营救组的主要职责是：参与制定救援装备报废、更新计划，负责救援装备维护保养；负责对拟进入建筑物的勘察、评估和支护；负责救援通道建立、瓦砾移除等灾害场地营救行动；协助医疗队对伤员紧急处置和转移；负责重型营救装备调动、使用。

（4）有害物质监测组

有害物质监测组的主要职责是：负责制定侦检仪器、设备购置和更新计划；负责灾害现场环境调查和有毒有害物质（包括易燃、易爆物资和杀伤性武器）监测与评估；制定清除有害物质方案和防护措施；负责侦检仪器使用和维护保养。

（5）技术组

技术组的主要职责是：负责灾害信息（灾害性质与程度、灾害地区人文信息、基础设施和建筑物结构以及建筑物破坏等相关文件和资料）获取、分析整理与编辑；协助指挥部制定灾害现场救援方案，救援策略；负责灾害现场救援目标的安全性评定和监控；协助营救组制定建筑物支护方案（支撑、破拆、加固等）。

（6）医疗组

医疗组一般由内、外科医生、护士等医务人员组成。其主要职责是：负责制定紧急医疗救治所需仪器、器材、药品的购置、储备和更新计划；负责医疗器材使用和维护保养、负责药品的使用、周转；负责救援队员的日常医疗保健、疫苗注射和健康档案；负责灾害现场伤员紧急医疗处置和救治；指导和协助营救人员营救被困人员；负责灾害现场救援人员、伤员紧急医疗处置，为搜索犬提供基本医疗服务；负责灾害现场医疗设备使用和维护保养。

（7）后勤保障组

后勤保障组的主要职责是：负责制定救援装备更新计划、实施采购，装备储备管理、定期维护保养；负责装备发放、救

163

援行动装备包装运输，负责提出灾害现场资源调用计划；负责灾害现场装备管理、分配与协调、负责当地资源调用；负责行动基地和现场所有的通信（包括现场数据与图像传输，评估当地基本通信设备）活动；负责行动基地建设、运行和救援保障；负责与当地相关部门建立联系。

◇志愿者参加地震灾害紧急救援行动的基本程序

通常，根据地震灾害程度和破坏性地震应急预案，在需要志愿者参与救援的情况下，防震减灾志愿者队伍可考虑参加紧急救援行动，并结合现场情况，开展如下工作：

（1）搜集灾害信息

应收集的灾害信息包括：地震的震级、发生时间、地点、震源深度等基本要素和参数；地震灾害的严重程度、交通等相关情况；如可能，可立即派先遣人员开展现场调查，并将获取的信息及时向救援行动人员报告；查阅灾害场地基础设施、大型和重要建筑（构）物规划设计等相关档案资料；灾害现场可能调用和利用的人员、物质和设备等各种资源。

（2）制定救援计划并开展前期准备工作

首先应根据灾害性质和应急救援预案制定救援实施方案；确定救援队规模和组成，建立临时应急救援指挥机构。其次，要召开救援队动员会议，通报所获取的相关信息，初步确定集结时间和地点；救援人员准备个人装备，后勤保障人员集成救援装备；发放个人装备等必须物品。最后，指挥机构继续收集灾害信息，确定交通工具。

（3）集结队伍，明确纪律

参加救援行动的志愿者按规定时间携带装备到指定地点（火

车站、机场或港口）集合，并检查个人装备和救援装备准备及装运情况。救援队通报最新灾害信息及启程信息；通报救援队组织结构、指挥系统；通报新闻发布程序和规定。进一步宣贯和明确救援队员行动要求和道德准则。

（4）途中注重休息调整

志愿者在途中应注意休息调整，并继续收集最新灾害信息，研究救援方案。

（5）到达灾害现场，开展救援行动

志愿者在到达现场后应立即向地震现场工作救灾指挥部报到，接受任务。按指挥部要求在指定的区域有秩序地开展救援行动。如必要，可补充部分给养或调用当地救援资源。

（6）任务完成后转移或撤离

转移指完成救援任务后离开原工作区到另一工作区工作；撤离指完成救援任务后离开灾害现场返回。

具备下述要件之一，志愿者队伍方可转移或撤离：

①救援工作区内的受难者已经全部找到，其中幸存受难者已经救出并转移给现场医疗队。经过精细搜索，未发现有受难者被压埋。志愿者队伍可请求转移或撤离。

②救援责任区内的受难者尚未全部找到，但接受现场指挥部命令转移至新的救援责任区，原责任区的搜索与营救任务移交给其他救援队或救援单位。志愿者队伍奉命转移或撤离。

③搜索与营救行动已持续较长时间，尚有遇难者被压埋并存活的可能性很小，继续搜索将成效甚微，现场救灾指挥部已批准开始使用重型机械清理废墟。

在转移或撤离时，要注意：保留现场行动记录；收拢救援队人员，清点人数，确保全部到齐；收回救援工具、装备、器材及所有物资，进行清点登记；拆除帐篷、临时设施，恢复原貌；妥善处理垃圾，不污染环境；归还借用物品。

◇防震减灾志愿者是连接自救、互救和公救的重要纽带

应急救援阶段的救援方式可划分为自救、互救与公救，简称应急救援"三救"。

自救是灾民个人利用自身的精神、毅力、智慧、体力和物资等的自我救援活动。主要包括自身从地震废墟中逃生，利用携带的或拣拾的物资充饥、御寒和搭建简易窝棚等。

平时，民众应树立自救理念。一旦发生重大地震灾害并被埋压在废墟中，宜沉着和冷静，设法自救。

自救是面临死亡威胁寻求逃生的一条重要途径。统计数据表明：从地震废墟中脱险的人群中，自救的百分比较高，一般超过 1/3，阪神地震高达 80%。被埋压在地震废墟中的灾民，应积极自救逃生。难以逃生且生存空间随余震可能缩小的被埋压者，应采用废墟碎块支撑的方法防止生存空间缩小，耐心等待互救和公救。

"近距离效应"和"短时间效应"是提高被埋压者逃生效率的重要因素。通过自救和互救（自身、家族、邻居与友人和过路人）的逃生率高达 97.5%。自救者是震后被埋压者中的生存者，且未受伤或伤势较轻有逃生体力、有强烈的逃生意识与欲望，能够在生存期的较短时间内从地震废墟中逃出。自救逃生后就近扒救被埋压的家庭人员。邻居之间比邻而居，也可产生明显的"近距离效应"和"短时间效应"。

灾民自救既是对自己的生命负责，也是对家庭社会负责。

平时，应为自救创造条件：储备灾时家庭生活必需的食品、饮用水、应急药品以及其他生活用品；固定室内的家具和电器，防止因震倾倒、移动和落下，减少由此引起的人员伤亡，并为被埋压者创造较大的生存空间；灾害管理部门应定期或不定期地为当地居民开展防震减灾培训、演习，普及基础知识，提高应急救援技能。

互救是灾民与灾民之间，或者非灾民与灾民之间的救援行为。通常，互救具有地域性，扒救地震废墟中的灾民尤显这种特性。例如：邢台地震时，20 余万人埋压在废墟中，通过人人、户户（邻居）、村村（邻村）和县县（县的交界处村庄）的自救与互救，震后最初的 3 小时内，被埋压的灾民几乎全部脱险。

在应急救援阶段，互救者往往是家庭成员、左邻右舍的居民、本乡本土的乡亲以及途经该地域的路人。

互救的内容相当广泛，例如：救援生活必需品（饮用水、食品和衣物等），看护重伤员和灾害弱者，保卫重要部门，传递灾情信息等。

志愿者进入灾区后，可极大地增加互救的人力资源与物力资源。

公救是救援组织指挥下的救援活动，属有组织的救援行为。新中国成立后，我国重大地震灾害的公救都是在党中央、国务院和中央军委领导下展开的。首先成立各级抗震救灾组织机构，指挥救援。这是重大地震灾害能够举全国之力、全军之力快速、有效和准确救援的组织保障。公救速度、力度与准确性，是我国多年来抗震救援经验的积累，也是社会主义优越性在防震减灾领域的重要体现。

公救是"三救"的重要组成部分。在应急救援阶段，公救

167

相对于自救和互救时间上有滞后性与融合性。如果公救迟缓和无力，必然加剧灾情，甚至引发次生灾害，形成灾种更多和灾情更重的地震复合灾害。公救是取得抗震救灾胜利的关键性救援方式。为了提高救援效果，要求公救时间快速，力度适宜，灾情情报准确，资源配置合理。在协助公救有效开展行动方面，志愿者可以发挥积极的作用。

快速使公救的救援资源在震后较短的时间内到达重灾区，可尽快发挥公救的救援时效与效果。公救与自救和互救融合的时间越早，三者的综合救援效果越明显。公救力度适宜可使公救的资源满足救援需求，力求供需平衡。为提高灾害情报的准确性，要求通过多种途径，利用现代高新技术和侦察手段获取灾害情报，通过志愿者收集各类信息也是一种非常重要的途径，并依此准确判断灾区（重灾区、轻灾区和非灾区）与各类灾区的实际灾情与救援资源的实际需求，科学部署救援力量。

自救、互救和公救三种方式之间相互接续与融合，互相影响与配合，方可产生应急救援的综合效果。从总体上看，自救、互救和公救缺一不可。

从"三救"产生的时间顺序上看，通常是先自救，再互救，然后是公救，这就是时间接续性。此外，"三救"还有融合性，也就是说，自救、互救与公救，自救与互救，自救与公救，互救与公救，不同的救援方式同时进行。

防震减灾志愿者是连接自救、互救和公救的重要纽带，志愿者队伍的作用发挥得好，才能产生理想的应急救援综合效果。

◇掌握震后抢险救灾的科学方法和技巧

破坏性地震发生后，抢险救灾工作就成为减轻地震直接损失的一项关键措施，必须科学及时、有条不紊地进行。防震减灾志愿者只有了解和掌握抢险救灾的科学方法和技巧，才能充分发挥自己的作用，取得良好的救灾效果。

（1）明确震后抢险救灾的主要任务

只有明确震后抢险救灾的主要任务，行动起来才能有的放矢、有条不紊。抢险救灾的主要任务包括：

①查明灾情，了解抢险救灾重点区域，协助各抢险救灾专业队伍做好力所能及的工作。

②在确保不影响专业队伍工作及确保自身安全的前提下，志愿者队伍可和各救灾专业组一同进入现场，根据拟定的各项救灾对策，迅速进行抢险、排险、救援工作。救护受伤人员，把仍处于危险地段的群众转移到安全地区，控制次生灾害。

③抢修生命线工程。

④迅速恢复交通，加强交通管制，保证救灾车辆及疏散人群安全。

⑤组织好避震疏散工作，及时安排好群众生活。

⑥做好震后防疫工作。

⑦参加震情、灾情收集汇总，以协助确定地震烈度；密切监视余震，及时通报震情。

⑧维护灾后治安和生活秩序，加强对国家和人民生命财产的保卫工作。

⑨参加恢复生产，重建家园。

（2）确定抢险救灾的重点区域

破坏性地震发生后，一定区域内各个地方都会有不同程度的破坏，但由于抢险救灾工作受时间和力量的限制，不可能面面俱到，必须确保重点。抢险救灾重点区域主要是依据综合抗震能力等级（主要考虑疏散救援道路情况、建筑密度、人口密度、次生灾害源情况、救护、消防条件等因素）确定的，综合抗震能力低的地方，地震时就必然成为重灾区，就必须作为抢险救灾重点。

（3）采取科学的抢险救灾程序及方法

抢险救灾工作是一门技巧性很强的工作，应按一定程序进行。盲目、慌张不仅无济于事，有时还会增加不必要的伤害。

1976年唐山地震时，启新水泥厂工房有一个10岁左右的小女孩被压在废墟下面，呼喊求救。这时，邻家一位小伙子在不太了解情况的前提下，纵身一跃，正好落在小女孩头顶的房盖上，房盖受力再次下落，小女孩就这样失去了生命。

1966年邢台地震中，马兰村某村民的父亲被压埋在废墟下，该村民救人心切，慌忙使用工凿挖掘，不慎凿在被压埋人员的头上，由于用力过猛，导致其当场死亡。

这些教训提醒我们，抢险救灾必须要按照科学的程序和方法进行。一般来说，从抢救人员进入现场，到抢救工作结束，可分为三个阶段：第一阶段，主要是根据受破坏房屋的情况及瓦砾堆的情况，了解房屋及有关设施的破坏程度、人员伤亡等；第二阶段，进入受破坏房屋，挖掘瓦砾堆，营救被困的人员；第三阶段，清理倒塌物件，疏通街道，抢救财产。

为了快速而有效地寻找被压埋人员，应采取以下方法：

①请遇险者家属及邻居提供情况；

②借助房屋的原设计图纸，判断可能被压埋的位置；

③监听遇险者的呼救信号；

④根据血迹及瓦砾中人爬行的痕迹追踪搜索；

⑤利用专门训练过的警犬进行现场快速搜寻；

⑥利用专用仪器探测、定位。

在抢救过程中，应倍加细心、谨慎，切忌莽撞。首先是要确定遇险者的头部位置，并尽量使头部最先露出；其次暴露胸部、腹部，并清除遇险者口、鼻中的灰土；第三对受伤者不可强拉硬拖，以防再增加新伤；第四尽量采用小型、轻便工具，用力时要注意适度；最后，对暂时无力救出的遇险者，应尽量保证通风及水、食供应。

◇震后实施救援应采取的策略和步骤

保证营救人员和被救人员的安全是营救行动的基本原则。履行安全营救程序、遵守安全操作规范、安全迅速地将被困人员救出，并将救援行动的危险降到最低限度是营救行动的基本要求。为实现这一基本原则和基本要求，在实施救援时，可采取如下策略和步骤：

（1）制定营救计划

根据搜索定位信息、幸存者情况、场地危险性评估结果、营救人员数量、设备配置及现场可利用资源因地制宜制定营救计划，保证现场营救工作安全有序进行。营救计划应包括：被困者情况,创建通道方案、医疗救治及转移幸存者所需的资源（设备、人员）、通讯保障与通讯程序、紧急撤离通道和安全岛等安全与防护措施。

（2）通道创建方式

一旦搜索工作结束，被困幸存者的位置即被确定，其后要做的就是如何接近被困者并将其救出。如果接近被困者的路线存在危险或障碍，还必须进行支撑、加固或破拆、移除障碍，这一行动称为建立通道。

接近幸存者的通道主要分为垂直通道和水平通道。垂直通道是从被压埋幸存者位置的垂直方向（上方或下方）创建营救通道以抵达幸存者；水平接近则是从其侧面（左右、前后）创建营救通道。

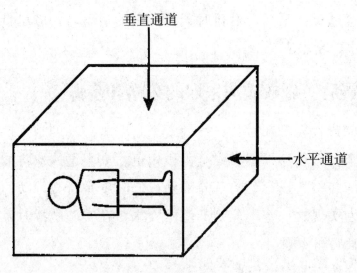

接近幸存者的通道

两种通道各有利弊。采用垂直接近通道的优点是，营救者工作体位舒适；容易使用营救工具和设备；营救人员和幸存者容易通过营救通道撤出；工作环境干净。缺点是，需要处理混凝土楼板上的瓦砾；凿破、切割的碎块可能会砸中幸存者；创建通道耗时较长；必须保证凿破、切割下的碎片不砸中受害者。

采用水平接近通道的优点是，阻隔墙体容易穿透；多数情况下阻隔物不是混凝土结构件；凿破、切割的碎块不会砸中受害者。缺点是，营救人员工作体位不舒适；常需要在通道中爬行；营救破拆定位困难；工作环境较差；对救援者和被困者有余震二次灾害的威胁。

在无法通过简单通道接近幸存者时，也可选择倾斜或组合式通道。

（3）创建营救通道

创建营救通道是指通过破拆、移除建筑垃圾或构件，支撑不稳定构件等创建通向被困者"空间"的通道。营救通道的创建方法主要有四种：移走废墟瓦砾；支撑被破坏的墙体、楼板和门窗等不稳定的构件；切割和穿透阻隔墙体、楼板等；顶升、支撑和稳固重型构件。

通道创建过程中应随时评估其安全状况，预测每一操作步骤可能引起通道或相邻构筑物的条件变化并做好应变准备。通道空间的大小应能满足安全、迅速将幸存者移出的要求。

（4）安全性评估

营救通道安全性评估的目的是为了创建施工省时、省力和确保营救人员和幸存者的安全。评估的主要内容包括：水、电、煤气等是否已被切断；通道结构合理性与创建所需时间；避免通道发生倒塌危险和保证通道安全的措施；是否建立了安全地带和逃生路线；移除瓦砾的体积和难易程度。

建筑物危险性评估除对建筑物稳定性评价和危险物质鉴定外，还应当包括对现有的通道和可能存在被困者的空间进行评估；明确现场营救过程中突发事件的应对措施和安全监控措施。

（5）医疗处置

在移动伤员前，应对伤员进行伤情评估，采取基本的生命维持与必要的医疗处置，以增加其生存的机会。应该明确地震救援队医疗组（分队）的工作就是在救援场地指导或协助营救人员将伤员安全救出，而不是为灾区受灾民众看病送药。

（6）解救和转移幸存者

扩展空间或在医疗人员指导下移走困压伤员的构件，安全救出被困人员，确保伤员不再遭受营救和转移过程中的伤害。

根据幸存者伤害情况和所处位置（高空、井下），选用合适的担架及其辅助设备（绳索等）将幸存者转移至安全地带，按照营救计划移交给医疗护理机构。

（7）安全措施一定要落实到位

任何救援行动都必须指定安全员。救援队领导和安全员必须自始至终负责救援行动的安全监视，安全员不应再承担其他工作。

救援人员应时刻保持安全意识，必须不折不扣地执行安全员的指令。

所有救援工作应采用规范操作，避免违规操作。

使用救援装备前、后都必须认真检查，对故障设备或怀疑有问题的设备必须立即停止使用并贴黄标签撤下。

高空、井下和狭小空间救援，必须采取必要的防护措施和监控系统。

任何救援技术都必须保证伤员和救助者的安全，禁止一切对上述人员有任何危险的行为。

必须确保伤员不因救援行动失误而遭受伤害。

◇防震减灾志愿者应了解和掌握的搜索方法

地震灾害紧急救援搜索行动是迅速寻找被困在建筑物内或其他隐蔽空间的被困者，为营救行动提供被困人员的准确位置及其相关信息。搜索是救援工作最主要的内容，是保证救援工作成功的关键。搜索也是救援工作中最困难的部分，既需要丰富的实际经验和技巧，也需要现代化的高科技装备帮助进行定位。搜索定位是指在灾害现场通过寻访、呼叫、仪器侦测或犬搜索确定被困在自然空间或缝隙中的幸存者的位置。搜索定位队是救援队的重要组成部分。救援搜索人员应当明确搜索的目的、掌握如何给建筑物作标记、寻找幸存者并与之取得联系以及确定幸存者位置的方法。防震减灾志愿者应了解和掌握的常用的搜索方法有：人工搜索、搜索犬搜索、仪器搜索。

（1）人工搜索

救援初期，在倒塌废墟表面或可安全进入的建筑物内开展人工搜索。通过寻访幸存者，对所有在表面或易于接近的被困者进行快速搜索。搜索人员直接进入灾害现场或建筑物内，通过感官直接寻找被困人员。

在搜索过程中，可直接救出的立即救出。对需移动瓦砾等破拆工作方可救出的，需做标识，并向救援队长报告。

人工搜索可进行直接搜索，呼叫并监听幸存者的回音。也可进行拉网式大面积搜索。

进行人工搜索的志愿者须配备必要的装备，包括个人防护装备和急救包，无线电通讯设备，标识器材，扩音器、口哨、敲击锤等呼叫装备，照相机、手电筒、纸笔等搜索记录设备，有毒有害气体侦检仪，漏电检测仪等。

进行人工搜索的要点是：

①搜集、分析、核实灾害现场有用信息。

②保护工作现场，设置隔离带。为了安全、快速和有效地

实施营救行动,营救工作场地必须用警示绳(带)围起来,以避免旁观者随意进入而影响营救进度和人员安全。同时,还可根据需要,将场地进一步划分为:只允许营救人员进入的"工作区";存放营救工具、设备的"装备区";提供营救行动支持的"支持区"(如木材支撑中的切割区)和堆放清理出的瓦砾或障碍物的"瓦砾区"等等。

③调查和评估建筑物的危险性。

④直接营救表面幸存者和极易接近的被困者。

⑤如必要,做搜索评估标记。

⑥绘制搜索区和倒塌建筑物现状草图。

⑦确定搜索区域和搜索顺序。

⑧确定搜索方案。

⑨边搜索、边评估、边调整搜索方案和计划。

⑩所有搜索的相关信息均应以图、文形式记录下来并标识在建筑物上(如所遭遇的危险,找到伤员的地点、地标和危险物等),为后期安全进入、救援和安全撤离提供指导,节省救援时间。

在进行人工搜索时,一定要注意,建筑物倒塌导致水、电、气等管缆损坏,天然气泄漏会降低空间的氧气浓度或产生混合气体爆炸。因此,进入废墟前应切断火源、进行空气检测,必要时通风。

地震后楼梯台阶承重能力可能减弱,上下楼梯时,手要扶着墙壁。在黑暗环境下,倒着走下楼梯可能更安全,这种方式可试探性地将全部身体重量加在下一个台阶上视其是否能承受,如果对某一阶楼梯强度有怀疑,可迅速跃过该阶梯。对楼梯栏杆必须慎用,因为其受损,可能一触即塌。如果楼梯严重损坏,可借用架在部分稳定楼梯上的梯子上下。

（2）犬搜索

搜索犬是传统的专业搜索工具之一。采用搜索犬搜索需要其他搜索资源，以及经过培训的犬和引导人员。因此，搜索犬的使用范围有限，但是用搜索犬完成搜索工作确实是一种有效的方法，有条件的防震减灾志愿者队伍，可考虑尝试培养自己的搜索犬，或必要时借用其他队伍的搜索犬。

犬搜索工作程序一般包括：确定搜索范围、初期表面搜索和进一步细致搜索三部分。在重型破拆装备到达并移出瓦砾之前，可以用搜索犬进行废墟的搜索，以确定幸存者或尸体的位置，并将其救出或移出。

犬搜索的优点是：能在短时间内进行大面积搜索；适合于危险环境，犬的体型和重量更适合于较小空间，且产生二次倒塌可能性较大的环境搜索；有些搜索犬具有区分幸存者和尸体的能力，可节省时间；搜索犬还可以与热红外线和光学搜索仪器密切配合；对失踪的幸存者，犬搜索也是非常成功的。

犬搜索的缺点是：工作时间比较短，至少需要 2 条搜索犬对搜索区进行单独的相互验证；效果取决于训导员和犬的能力，当受到气温、风力等有些情况影响时，搜索犬无能为力。

（3）仪器搜索

到瓦砾深处救援的第一步是搜索。幸存者埋在瓦砾堆中，用手去一点点地挖开瓦砾显然太慢，用重型机械去移动，又有可能伤着人。这时候，就需要用到各种搜索仪器。常用的搜索仪器有光学生命探测仪、热红外生命探测仪和声波振动生命探测仪。

光学生命探测仪俗名"蛇眼"，是利用光反射进行生命探测的一种搜索仪器。仪器的主体非常柔韧，像通下水道用的蛇皮管，能在瓦砾堆中自由扭动。仪器前端有细小的探头，可深入极微小的缝隙探测，类似摄像仪器，将信息传送回来，救援队员利用观察器就可以把瓦砾深处的情况看得清清楚楚。很多博物馆和超市用的防盗装置，就是这种光学探头加观察设备。

热红外生命探测仪具有夜视功能，它的原理是通过感知温度差异来判断不同的目标，因此在黑暗中也可照常工作。这种仪器有点像现在商场门口测体温的仪器，只是个头比那个大多了，而且带有图像显示器。

声波振动生命探测仪靠的是识别被困者发出的声音。人类有两个耳朵，这种仪器却有3—6个"耳朵"，它的"耳朵"叫做拾振器，也叫振动传感器。它能根据各个"耳朵"识别到声音先后的微小差异来判断幸存者的具体位置。说话的声音对它来说最容易识别，因为设计者充分研究了人的发声频率。如果幸存者已经不能说话，只要用手指轻轻敲击，发出微小的声响，也能够被它识别到。关键是噪声的影响不能太大。

◇实施"科学救援"，确保"双安全"

地震灾害紧急救援是一项危险性极高的工作。从倒塌废墟中快速、有效营救幸存者是专业救援队的使命；确保救援中队伍自身安全，是国际救援界普遍倡导和认可的救援理念；队伍行动安全的保障能力，是衡量救援队伍自身能力和水平的重要指标。救援现场安全评估就是这一切的前提条件。

（1）救援现场安全

地震紧急救援是国家紧急救援体系中的重要组成部分，是以抢救幸存者生命为主要目的的社会行动。

志愿者救援队需要面对的是震后千疮百孔的灾场环境，不仅包含大量震后破坏或倒塌的建筑，还有可能遇到山体滑坡、道路不通、堰塞湖、火灾、泥石流、碎石流、滚石、化学物品污染、辐射污染等等具有危害性的状况。

若在少数民族地区执行救援任务，则还会有如灾情信息不明、语言不通、风俗习惯不同、水土不服对身体影响、设备不足等许多不利条件。以上提到的众多因素，都是救援行动中需要应对的安全隐患和不利条件。可见，救援行动中的安全涉及很多方面。

在具体倒塌建筑作业点处实施救援行动中，最可能威胁救援人员安全的是如下 3 种危险：部分结构构件或填充物坠落的危险；被破坏的结构稳定性不足，在新的扰动下发生二次坍塌的危险；漏电、漏水、燃料、有毒气体（如一氧化碳）、危险材料（如石棉）等有毒有害物质的危险。

因此，地震灾害紧急救援是一项复杂、危险的系统工程，需各专业密切配合，灾害现场救援人员更要遵守共同的行动规则，通过及时有效地收集信息，采用正确的搜救策略，综合运用多种救援技术实施营救，从而达到最佳的救援效果。

第一时间的现场搜索一般得不到专业人员、搜索犬或特殊仪器设备的支持，人们只是在现场进行简短培训，就投入到救援工作中。而在很多情况下，最初的空间搜寻工作已经被附近居民、过路人及早期的报警者完成。但要完成彻底的、深层次的空间搜索，则需要受过严格训练的搜索队员，科学运用各类搜索设备，进行全面细致的搜索。搜索确定目标后，就是营救组如何制定方案，确保科学、有效、安全地将其救出。

真正做到"科学救援"，确保"双安全"——即幸存者和救援人员本身的安全，必须基于以下几方面作为安全保证：

①要具备对倒塌压埋幸存者建筑废墟稳定性的判断能力，并能够选取有效支撑技术设法保证其在施救过程中的稳定性和可靠性。

②对倒塌建筑中可能出现的危险物质进行检测和评估。

③营救队员与评估专家根据评估结果共同制定营救方案、选配有效的救援设备、娴熟稳妥地开展营救工作。

由此可见，作为一个成熟的救援队，必须高度重视安全问题，具备从灾场环境分析开始，并能针对特定情况来动态制定安全策略和行动准则。

（2）创建安全通道

房屋建筑在强地面震动下极易破坏甚至造成倒塌，尤其是特大地震现场房屋破坏和倒塌非常普遍，且具有倒塌机理不一、倒塌形式呈多样化等特点。尽管工程专家们通过震害现场调查、结构抗震试验、数值模拟分析等，给出了结构破坏和倒塌分析的方法，但是，在救援现场与时间赛跑抢夺生命的救援状态下，判断破坏或倒塌建筑的稳定性、抗扰动性等行之有效的方法还多停留在靠专家经验的定性分析水平上。

在展开搜索之前，要大致了解判断可能的埋压人员位置及空间的大小。一旦搜索（如人工、犬、仪器）完毕，确定出受困者位置后，就应制定营救计划，而这个阶段的营救计划就是如何安全接近受困者，即创建安全通道。

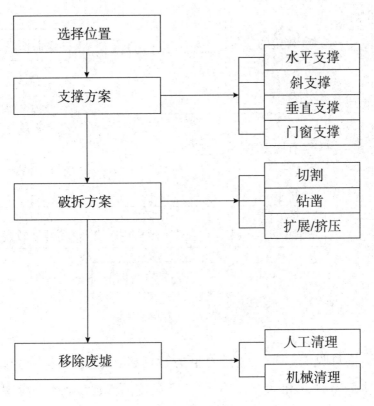

创建安全通道的程序

（3）危险物质评估策略与步骤

对一个责任区域来说，救援现场危险物质评估要完成3个层次的工作，即询问与观察现场情况、对工作区域进行危险物质侦检、根据危险程度与救援队自身能力进行评估和初步处置，具体步骤如下图所示。

这需要危险物质评估者具备危险品信息识别与紧急处置的能力，配备专业侦检仪器，并具有较丰富的地震救援现场工作经验。

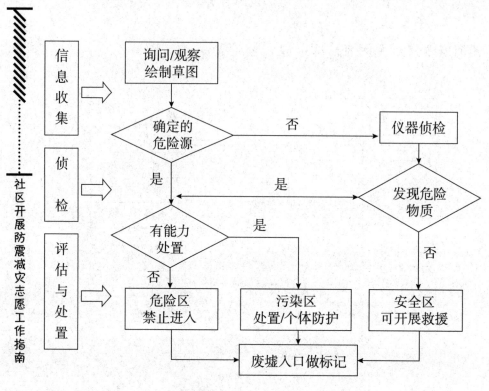

危险物质评估策略与步骤

①信息收集。向灾区紧急事务管理机构了解，是否有核能、放射性、特殊军事设施、化学工厂等危险源。目前，我国很多城市已建立重大环境污染事故区域预警系统，对破坏后可能造成大范围污染的危险源进行监控。一旦发生泄漏，当地紧急事务管理机构将快速获取损失情况和最新监控数据。

针对具体的工作场地，通过对当地群众的询问以及现场的观察，了解可能存在的危险品信息。许多危险品都有危险信息标识，在可能的情况下，危险物质工程师应通过核对这些标识，确定危险物质的种类、危害性。

依照收集的资料现场绘制灾区草图，在图上标注疑似危险源（化学工厂、有毒有害物质废料场地等）位置，并且分析当前与未来一段时间的气象条件（风力、风向、雨雪等）造成的影响。

182

②侦检。根据现场情况，酌情对有待救援的狭小空间进行以下5个方面检测：氧气浓度水平；物质或周围空气的易燃性；是否有漏电；是否存在有毒物质；放射性水平。如果存在危险情况，应采取适当的防护措施；否则，禁止队员进入实施搜救。

③评估与处置。通过对侦检结果和相关信息（已知的泄漏、烟雾或着火点，以及风力、风向等）的收集并初步分析，可以确定现场工作区域的优先级别，即直接开展救援的安全区、有防护的情况下开展地震救援的污染区和需由专业的危险品救援队伍先进行洗消再开展地震救援工作的危险区。

对于能移出工作场地的危险品，如液化气瓶、化学试剂瓶等，应在有防护的前提下对危险物质进行移除。对于不能移出场区的危险品，应首先考虑其危险性是否可控制在一定范围内，救援队是否配备了足够的处置设备以及个人防护设备，以确保救援工作安全的开展；否则，应做出警戒标记，禁止进入危险区。对于可控制的危险源，应通过洗消的方式，降低危险性，再进行隔离，避免救援队员接触到危险品。例如已发生泄漏的化学试剂、燃油等应采用吸附剂覆盖，并划定隔离区，在建筑物的入口处增加危险信息的标记。在污染区工作的救援队员，应注意自身防护水平，如佩戴护目镜、防渗手套、防毒面具或正压呼吸器等，防止皮肤与危险品接触，或吸入超过安全范围的有毒气体。如存在燃油泄漏或可燃气体泄漏，应使用无火花的救援工具作业。对在救援过程中可能沾染了危险品的救援工具及个人防护装备，还应及时清洗和消毒。

◇志愿者必须掌握的实用营救技术

在搜索队员完成对被压埋幸存者的搜索与定位后，现场营救队将运用一系列安全、有效的技术方法和必要的装备将幸存者安全地解救出来。在救援行动中，营救工作是防震减灾志愿者参与所有工作中最艰苦、危险性最高、技术难度最大的一项。只有掌握一些基本的实用技术，才能达到救援的目的。

（1）支撑技术

在进行搜索和救援工作时，为了减小受害者和救援队员的危险，要对那些局部受到破坏或倒塌的结构进行临时支撑。支撑技术就是把一些原木或支柱竖起来以加固门窗、墙或楼板。其目的是防止已遭破坏的、不稳定的建筑物进一步倒塌，避免危及救援人员的安全。

救援支撑是一种临时的措施，为暴露在结构坍塌危险中的救援人员提供一定程度的安全保障。支撑方法可以用于倒塌建筑外部，也可以在其内部，其中常用的支持型式有：垂直支撑、门窗支撑、斜撑（俗称"牛腿"）、悬空斜撑、多支柱斜撑、分离支柱斜撑、斜对角支撑、横向撑、T型支撑、三维空间支撑、水平支撑、墙角支撑、临时支撑（见以下图示）。

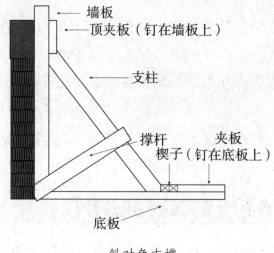

斜对角支撑

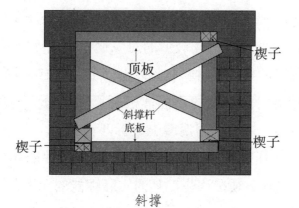

斜撑

节点板

受损地板或梁

顶板

支柱

夹板

楔子

底板

钉子

T 型支撑

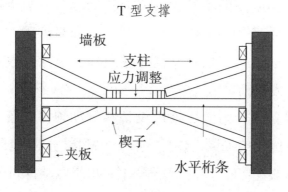

墙板

支柱

应力调整

楔子

夹板

水平桁条

水平支撑

（2）破拆技术

破拆技术是指对创建营救通道过程中遇到的不能移动的建

筑废墟构件，或压在幸存者身体上的构件进行安全有效的切割、钻凿、扩张、剪断等方法。破拆的对象通常为倒塌废墟中的墙体、楼板、门窗等，其主要材料包括木材、金属、砖、混凝土等。

根据破拆对象材质的不同，破拆操作可分为金属、木材、混凝土或砖墙、钢盘加固混凝土破拆四种类型。

为正确选择破拆工具，必须对该工具的性能和局限性有详细的了解，同时必须在这些工具的实际性能的允许范围内使用。

当切穿墙壁或者地板时，要时刻小心以避免伤害营救对象，也许被困幸存者就在切割材料的另一侧。破拆操作前，必须仔细观察破拆对象的状况，并预估可能产生的后果或其它意外情况。在破拆操作过程中，操作人员和监控人员均应时刻注意可疑的声响和瓦砾掉落情况。要避免对废墟承重结构的破拆，否则极易破坏残存结构的整体性和稳定性。

（3）顶撑技术

顶撑技术是指对创建营救通道过程中遇到的可移动（或部分移动）的强度高但重量大（或上覆物较多）的废墟构件，需要对其采取垂直、水平或其它方向的顶升与扩张方法。同破拆技术一样，顶撑操作也是以创建通道口、消除营救通道阻碍物救出幸存者为目的。

顶撑设备可分为液压顶撑设备和气动顶撑设备两类。顶撑的对象包括倒塌的混凝土墙体、柱、梁和层叠状的楼板等。

地震废墟场地的顶撑操作有两种：单支点顶撑和多支点顶撑。

在进行顶升操作时，首先要评估被顶撑物的组成结构及稳定性，进行顶撑计算分析；第二步要根据任务需求，确定顶撑类型、顶撑方法和顶撑设备；第三步要选定顶撑支点位置，确定顶撑操作的步骤；准备顶撑设备；将顶撑工具放入顶撑支点，如空间太小，应利用开缝器进行扩展；第四步要按设计的操作步骤实施顶撑操作，并监控安全状况；第五步在达到顶撑目标位置后，利用木材或垫块等在顶撑点处对被顶撑物进行支撑；最后缓慢取出顶撑设备。

（4）瓦砾移出技术

瓦砾移出技术是指在创建通道过程中移开体积较大的障碍物和清除废墟瓦砾的方法。当移动被压埋人员周围的瓦砾时，需要一定的方法技巧，而且是一个逐步渐进的过程。

移动瓦砾的方法主要有四种：提升并稳固重物、滚动重物、牵拉拖曳重物、利用重型起吊与挖掘设备。

在操作时，应遵循以下原则：确定建筑物的倒塌方式和评估废墟的稳定状况；移除一个废墟构件前须估算其重量，评估其移开的后果并设计移除方法；首先移走小的碎块，后移走那些可移动的大块，不能移动那些被压住的或者楔入的碎块；为了移动被压住的碎块，必须先建立支撑；避免移动承重墙体结构；不要移动那些影响废墟或者瓦砾堆稳定性的构件，当有疑问时，应向专家咨询。

（5）绳索救援

绳索救援主要是在被困者被困在二层楼以上的房间内，由于室外楼梯坍塌、房门变形，被困者无法实施自救的情况下而采取的救援技术。救援人员接近被困者的途径有：通过邻近的楼房或攀爬到达被困者的楼顶部，如果楼的上部室外走廊楼梯没有坍塌，利用天窗可以直接到达被困者的房门，破拆后进入被困者房间救人。也可以从楼顶部利用绳索下滑到被困者的窗前进入室内。固定绳索后，根据被困者的情况用救生结绳法和缓降器、救援担架及个人吊带等将被困者救出。

◇地震应急救援方法和工作程序

《社区志愿者地震应急与救援工作指南》（GBT 23648-2009）中规定了地震应急救援方法和工作程序，这些方法和程序也是防震减灾志愿者应该掌握的。

（1）灾情收集与报告

地震发生后，志愿者应积极收集并报告灾情。地震时，注意体会地震动感的形式和程度，注意所处环境物体的变化，包括房屋、家具、悬挂物等；对附近的房屋、景物进行观察，观察房屋有无倒塌，地面和景物有无破坏；了解自己负责的区域内房屋倒塌、人员埋压、地面和景物破坏情况；将观察了解的情况向街道、地震部门或救援指挥部门报告。

（2）集合的同时积极了解情况

破坏性地震发生后，防震减灾志愿者应根据预案自动到指定地点集合，在街道、社区或专业救援人员的组织下展开现场救援。

防震减灾志愿者应采取边了解情况边行进的方式到指定地点集合。如果所处建筑物及附近建筑物倒塌破坏时，志愿者可首先进行家庭自救和邻里互救，同时汇总、分析灾情，分组、分工，迅速展开救援。

（3）科学搜索被压埋人员

搜索被压埋人员应采取下列方法：

①喊：呼喊幸存者名字，问废墟中是否有人，发出救援信号；

②听：倾听幸存者发出的信号，包括呼救声、呻吟声、敲打声等；

③看：察看幸存者活动痕迹、血迹；

④问：询问家属、同事、邻居等知情者；

⑤判断：根据地震发生时间、地区、房屋结构等分析；

⑥犬搜索：采用搜索犬搜索，其工作程序一般包括，确定搜索范围、初期表面搜索、进一步细致搜索。

对倒塌或严重破坏的建（构）筑物，应重点搜索下列部位：门道、墙角，家具下；楼梯下的空间；地下室和地窖；没有完全倒塌的楼板下的空间；关着且未被破坏的房门口；由家具或重型机械、预制构件支撑形成的空间。

搜索时应注意对搜索区域戒严，并最大可能保持安静；使用固定、醒目的符号对已经完成搜索的区域进行标识。

（4）采取安全的营救行动

在进行营救时，要统一布置，分片组织；先救近，后救远；先救易，后救难；先救老人、儿童及医务、消防等救援人员；营救时，应注意被埋压人员和自身的安全，对难度、危险性较大的救援任务应等待专业救援队伍到来再进行营救，防止方法不当和余震造成新的伤亡。

可采用锹、镐、撬杠、斧子、钢锯等简单工具清除埋压物，营救幸存者；采用顶升、剪切、挖掘等器械或工具挖掘、支撑，构成通道、空间，结合简单工具清除埋压物，营救幸存者。

可采用下列措施挖掘、支撑，构成通道、空间：在楼板上打洞，利用梯子靠近并救助幸存者；推倒一面墙或割断一块楼板；用支架支撑有倒塌危险的墙体和楼板；用千斤顶顶升和支撑倒塌楼板形成空间；有选择地用起重机等重型设备清理部分建筑废墟。

为了确保安全，挖掘时，应分清哪些是支撑物、哪些是压埋阻挡物，应保护支撑物，清除埋压阻挡物。不宜触动倒塌物，不宜站在倒塌物上。接近幸存者时，应用手一点点拨，不应用利器刨挖；应首先找到被埋压者的头部，清理口腔、呼吸道异物，并依次按胸、腹、腿的顺序将被埋压者挖出。对不能自行移动的伤员，不应强拉硬拖，应查明伤情，采取措施后，再行搬动。

对营救出的伤员可以让其喝点水，但不能多喝。对长期处在黑暗中的伤员应注意保护眼睛。对暂时无法救出的伤员，应使其所在的废墟下面的空间保持通风，并递送食品、饮水，使其静等时机再次进行营救。

营救出幸存者后，应由具有一定急救技能的志愿者，根据幸存者的伤势和现场条件，及时予以急救处理。

◇社区志愿者如何开展地震应急救援行动

社区防震减灾志愿者是社区地震应急的骨干力量。一旦发生灾害性地震，社区防震减灾志愿者队伍应尽快集结到位，并立即开展行动，投入地震应急和救援工作。

震后，社区防震减灾志愿者应收集并报告震情与灾情，通过观察附近房屋和环境情况，了解是否有房屋倒塌，是否有其他地面设施和物品遭受破坏；了解自己负责的区域内房屋受损和人员受灾情况；将观察和了解的情况向社区报告。

在收集并报告震情与灾情的同时，社区防震减灾志愿者应根据地震应急预案的规定，迅速到指定地点集合，分工、分片地开展搜索、营救、急救等救援行动。当所处建筑物及附近建筑物倒塌时，队员可首先进行家庭自救，就近参加邻里互救，并指导群众自救互救。

群众性自救互救要有组织，还要讲究方法。不应盲目图快，而增加不应有的伤亡。要在亲属和邻里的协助下，迅速准确判断被埋人员的位置，再行施救；要根据伤员的呼喊、呻吟、敲击器物的声响及裸露在外的肢体或血迹，判定遇难人员的位置；根据房屋结构和地震发生在白天或黑夜，床铺（炕）、桌等坚实家具所处位置进行判断，通过侦听和询问，来确定被埋者的位置。

在进行救援时，应准备好小型轻便工具，如铲、铁杆、锤子、凿子、斧等。

搜索被压埋人员可采取前文介绍的"喊""听""看""问"等救援方法。

对倒塌或严重破坏的建（构）筑物，应重点搜索下列部位：门口、过道、墙角、家具下；楼梯下的空间；地下室和地窖；没有完全倒塌的楼板下的空间；关着且未被破坏的房门口；由家具或重型机械、预制构件支撑形成的空间。

挖掘营救时，应先用简单工具清除埋压物，营救埋压在废墟表层的幸存者。如有可能，可采用顶升、剪切、挖掘等工具，构建通道和生存空间，然后营救幸存者。

救人时，应先确定伤员的头部位置；以最快的轻巧的动作，使头部暴露，迅速清除口鼻内的灰土、暴露胸腹部，如有窒息应及时施以人工呼吸。为了争取时间抢救更多的人，不宜将力量使用在一个伤者身上。在确定所有伤员的位置后，率先暴露伤员头和胸腹部，使其自行出来，再依次抢救其他的人。对于不能自行出来的受伤者，不要强拉硬拖，应暴露全身，查明伤情，施行急救或包扎固定，选择适当的方式搬运。对暂时无力救出的幸存者，要使废墟下面的空间保持通风，递送水和食品，寻求帮助再行施救。

营救出幸存者后，应由具有一定医疗救护技能的志愿者，根据幸存者的伤势和现场条件，及时进行人工心肺复苏、止血、包扎、固定等急救处理，然后送医院或者医疗救助点。

在实施救援时一定要注意：在未实施急救前，切勿轻易移动伤者（除非判断伤员生命垂危，必须马上抢救）；注意不要吸烟或划火柴，因为救援现场可能会有可燃气体泄漏；不可随意拔出废墟中的木料，这可能会引起再次崩塌；千万不要触摸受损的电线；在开始工作前先进行侦察，这绝不是浪费时间；在损坏的楼梯或楼层上，尽量靠墙走；假如要用手清理瓦砾，要带上手套；移除伤者附近的瓦砾时要格外小心；利用毯子、帆布或瓦楞铁皮（波纹铁）等来保护伤者，使之免受掉落的瓦砾和尘土的伤害；尽量不要接近残垣，使之保持原样，以免发生再次崩塌而破坏现有的空隙；移走瓦砾或者阻碍物的时候要当心（特别是在空隙中），以免发生再次坍塌；在废墟中使用锋利的工具时，要加倍小心；从废墟底下走过或者在它下面实施救援之前，先要用一些物体支撑加固它；由于时间和条件所限，在转移伤员之前需做必要检查，并只对那些有生命危险的伤员实施急救措施；注意伤者的保暖，以缓和灾难给其带来的冲击；抬担架经过残垣和障碍物时，要采用正确的方式。此外，要列一张已经得到紧急救助的伤员清单。

◇赴地震灾区志愿者的装备准备和活动规则

为了更好地参与防震减灾活动，尤其是应急救援行动，了解赴地震灾区的防震减灾志愿者应准备的装备和活动规则是很有必要的。

（1）充分了解灾区当地的情况

作为志愿者进入地震灾区，最重要的就是不能给当地增加负担。首先一定要收集确认好当地的信息，自己的事情全部要自己做，这是最基本的要求。此外，大量应急避难生活的支援工作和个人房屋的重建工作所要求的能力和装备各不相同，如果参加志愿组织的话，一般还要和大家共享帐篷和炊事用具，因此，有必要事先核实好。

志愿者开展活动的避难所以及周边地带，常会有余震或者二次灾害发生，作为志愿者要对此情况有所了解，并在自我负责的前提下开展活动，这种意识是非常重要的。

（2）准备必要的装备和物品。

为了更好地保护自己和为救援提供保障条件，作为志愿者，在出发前，一定要准备必要的装备和物品。包括：

①基本物品——旅行背包（能装自己所有的携带物品），水壶、饮用水等饮料，活动期间自己所需的食品，雨衣，伞，活动方便的服装（根据季节的不同，防寒服、夹衣等），换洗衣物，营养食品（巧克力、糖等），应急医疗用品，常用药，笔记用具，毛巾，手绢，卫生纸，胶带纸，多功能刀，火柴／打火机，针线包，手机，手机充电器，电筒，便携式收音机，备用电池，必要的现金，身份证，驾驶本，健康保险证，垃圾袋等。

②住宿用品——洗漱用具，野外用的锅、筷子，野外住宿用的炊具（炉子等），睡袋，睡垫，帐篷等。

③个人防护用品——帽子和头盔，耐磨手套，橡胶手套，普通手套，厚底鞋或安全靴，高筒雨靴，防尘眼镜，口罩等。

④应急救援工具——铁锹，小铲子，撬棒，水桶，麻袋，刷子，等等。

（3）佩戴明显的标识

一般地说，在灾区的志愿者接待中心或有关部门登记之后，

193

就会得到证明信、胸卡、袖章、服饰等志愿标识。最好穿着特定的服装，佩戴明显的标识。这样，在灾区，志愿者不仅能够被受灾群众马上认出，志愿者之间也能立刻认出来。对于工作的顺利开展非常重要。

（4）遵守志愿者规则

志愿者活动规则是由各自治体或团体自己决定的。根据灾害或受灾情况的不同，规则也各不相同，因此一定要弄清楚自己所处的受灾地或者所属团体的规则。通常，志愿者应遵守的共同规则包括：

①不拍照不摄影。电视台的摄影队在避难所入口处24小时设置照相机，对此很多受灾群众感到不愉快。因为他们已经不能过着拥有各人隐私的自由生活。换位思考一下，如果你是受灾者，对于他人拍下你在避难所的生活或者被地震损坏的房屋，你又会作何感想呢？所以志愿者要特别注意不要给灾民拍照。

另外，志愿者之间也要避免相互拍纪念照，因为这可能会对受灾群众造成伤害。要注意，除被允许的以调查记录为目的的摄录以外，原则上个人都不要拍照。

②不领取救灾物资。原则上，志愿者要做好自给自足的准备，确保自己所需的食物、水、日常生活用品。如果志愿者接受救灾物资，那就是本末倒置了。即便物资有剩余或者是有人请你使用，志愿者都千万不能忘记物资是用于救灾的。

③受灾者优先。避难所内设置的临时电话和厕所以及其他相关设备，要在紧要关头使用。并且，当然要以受灾者为优先。

④给灾民鼓劲要慎重。平日挂在嘴上鼓劲的一句话"加油"，在受灾地有时并不合适。这种鼓励的话可能会让受灾者产生这样的心情："都已经这么努力了，还能再怎么加油？""你又

没受灾，你知道什么？"虽然是出于善意的鼓励，也可能会让人感到压力，必须注意这一点。

另外，很多受灾者想找人倾诉，志愿者要做他们忠实的听众，但是不要自己去询问他们受灾时的一些事情，这些都要用心掌握分寸。其中，还要特别注意，可能有人并不希望你主动搭讪，有人甚至不希望你在身边说话。

⑤态度有分寸。志愿者是以团队的形式齐心协力开展活动的。因此，往往看上去热情高涨。但是就和拍照一样，如果热情高过了头，可能会给受灾者带来不愉快。希望不管是在受灾地还是在共同生活的场合，都要注意把握好分寸。

另外，志愿者需要做的是那些别人希望你做的事情，有些情况下，不随意插手也是支援工作的一部分。例如，志愿者不要去包揽所有食物配给的工作，而是让避难者自己做好准备工作。要对志愿者没有工作可做的状况感到高兴，因为"不再需要志愿者"，就是灾民迈向新生活的第一步。

⑥不要忘记根本目的。不要忘记前往受灾区的目的是从事灾区的救援和重建工作，志愿者可能都各具特长，但是你的工作就是灾区灾民希望你做的事情，而并不是每个人都能发挥自己特长的。

◇妥善管理地震救援装备物资

用于地震救援的装备物资，从根本的功效上来说就是要在地震救援现场帮助救援人员顺利地完成救援工作。按照《国际搜索与救援工作指南和方法》（INSARAG GUIDELINES AND METHODOLOGY）上的描述，救援工作共有五个阶段，分别是：准备（Preparedness）、动员（Mobilization）、行动（Operations）、撤离（Demobilization）和总结（Post Mission）阶段。其中，准备阶段指的是没有地震救援任务时的日常工作时间段；动员阶段是从启动地震救援任务工作到队伍集结完毕准备出发的时间段；行动阶段是指救援队伍开始出发到现场救援任务结束的阶段；撤离阶段是现场救援任务结束后，队伍从受灾地区撤回到出发地的阶段；总结阶段指的是队伍回到出发地后恢复到可以再次出队执行救援任务的阶段，也就是又回到一开始的准备阶段。

在不同的阶段，地震救援装备物资管理的特征和要求是不一样的，但同时又是相互影响和联系的。

（1）准备阶段

准备阶段的工作是为了能满足在发生地震灾害后立即进行救援工作的各项需要。在地震救援装备物资管理上，这个阶段的具体要求，就是要提前准备好能保证救援队出队执行任务时所需要的装备和物资。由于装备物资的种类和数量繁多，再加上地震灾害发生后需要尽可能快的实施救援，所以在准备阶段对装备物资必须要做好分类和集成。而根据不同任务需求，出队执行任务的救援队员人数也会不同，因此还需要管理者根据不同队伍规模及任务要求做好相应的出队集成方案。在方案的制定和实施方面，不单单只考虑其功能的完整性，在此基础上还必须考虑装备物资的运输、方便取用和现场管理等因素。除此之外，还有就是要做好对装备物资的维护保养以及更新补充。

（2）动员阶段

在动员阶段对装备物资的管理是一种从日常的静态管理到启动任务后的动态管理，是十分关键的一个环节，因为该阶段工作的有效性将直接影响救援队是否能及时出发到达受灾现场，也就意味着能否为拯救生命争取更多宝贵的时间。这个阶段的工作开展，首先是依托于准备阶段的各项工作的完成度；其次就是要能够根据队伍规模及任务需求做好相应调整，快速准确地将装备物资准备完毕并安全运送到指定集结地点。

这里要特别提出的是，部分需要临时采购的装备物资，如食品、水和要补充的生活物资等，必须按照统一集成要求进行装箱打包，并对最终准备情况进行记录，形成此次任务的装备物资出队清单。

（3）行动阶段

到了行动阶段，应将救援装备物资管理工作重点转移到对所携带装备物资的充分利用和合理控制上。这时需要的是管理者对所携带装备物资情况的详细掌握和针对现场实际情况的统筹安排。首先要考虑的是：队伍到达灾区现场后，哪些装备物资必须在第一时间得到使用，哪些需要二次运输？运输中的管理需求是什么？在一般情况下，通讯装备是必须在第一时间使用的，在有通讯能力的情况下，才能保障其他工作的正常开展。其次，在救援工作开展的同时，要考虑如何做好救援装备物资在现场的管理，要根据任务需求做好相应装备的调用。第三，做好救援装备的维护保养工作，如果出现装备损坏的情况，还必须考虑是否能够修理，或是否有能够替代的装备。

在受灾地区，尤其是在社会秩序比较差的地方，除了救援队员有人生安全危险外，装备物资也是存在被偷盗或哄抢的危险的。特别是所携带的食品和水，这些正是灾民们急需的生活物资，如果得不到安全保障和有效的管理，救援队本身将面临无法继续开展救援工作甚至无法生存的尴尬境地。因此，要注意留下专门的人手照看装备物资。

（4）撤离阶段

在撤离阶段，由于救援工作接近尾声，救援装备物资的管理工作相较前面几个阶段而言要略显简单一些，主要是对装备物资进行清理、检查和重新装箱，并对损坏、丢失和捐赠的装备物资进行登记和处理。

（5）总结阶段

总结阶段的工作目标是从救援行动恢复到日常准备阶段，是一个从装备的动态管理回到静态管理的过程。在这个阶段，管理者需要将从救援现场带回的装备物资进行清理、检查和维修，并按照原有方案对消耗掉的装备物资进行补充和更新。对于部分生活和个人用的装备物资，必须进行洗消处理，而搜救犬需要进行一段时间的隔离。与此同时，这个阶段也应该是管理者根据实战经验和效果，对装备物资管理各个方面和环节进行总结与改进的时间。

要真正做好地震救援装备的物资管理，必须从管理的整体性和各个工作环节的细节抓起。

培训志愿者应掌握关键的医疗救护知识

地震灾害具有很强的瞬间突发性。但是，再大的地震，顷刻间坍塌下来的废墟里，总还有存活的生命。大多数在地震中受伤的人，如果能获得快速、正确、高效的应急救护，是可以避免死亡、获得恢复健康的最大可能机会的。防震减灾志愿者必须要掌握一定的医疗救护知识，在面对伤员的时候，理智科学地判断，分清轻重缓急，实施科学的救护措施，安全地转移伤员。

◇志愿者应了解的现场急救基本要求和原则

面对严重的地震威胁，每个人都有一种本能的求生欲望。幸免于难和逃生脱险的人，会自发地抢救亲属邻里中的蒙难者。此时最迫切的任务，是将这些自发的行动组织起来，变为有益于集体进行相互救助的自觉行动，就近划片进行寻找挖扒，逐片扩大。发挥基层组织，特别是居民组织和志愿者、医疗站的作用。防震减灾志愿者、领导人员、党团员、社区志愿者、医疗卫生人员要发挥模范带头作用，成为自救互救的中坚力量。

无论是在公共场所、家庭或户外，还是在其他情况复杂、危险的现场，发现有危重伤员需要急救时，都要保持镇定，沉着大胆，细心负责，理智科学地判断，分清轻重缓急，先救命，后治伤，果断实施救护措施。

首先，要本着安全的原则，仔细评估现场，确保自身与伤员的安全。在施救前、施救中及施救后，都要排除任何可能威胁到救援人员、被救者人身安全的因素。常见的有：环境的安全隐患、施救与被救者相互间传播疾病的隐患、法律上的纠纷、急救方法不当对救援人员或伤患造成的伤害等。

其次，要注意把握简单和快速的原则。简单的目的是便于操作，在急救过程当中把没有实际意义的环节省去，一方面能够节约时间，另外能够提高效率；快速是确保效率的另一种有效手段，在确保操作准确的前提下，尽量加快操作速度，可以提供施救效率。

此外就是要准确。施救技术的准确有效性，是对现场施救的重点要求。无效的施救等同于浪费时间，耽误病人的病情。

在急救时，还必须坚持"一个中心，两个基本原则"：

一个中心：现场急救始终坚持以伤患者生命为中心，严密监护患者生命体征，正确处置危及伤患者生命的关键环节，保证或争取患者在到达医院前不死亡。

两个基本原则：一是对症治疗原则，先救命后救伤；二是拉起来就跑原则。

"对症治疗原则，先救命后救伤"指的是，现场急救是对症而不是对病、对伤。它是处理急病或创伤的急性阶段，而不是治疗疾病的全过程，正确及时处理危及伤病人员生命的严重急症如窒息、中毒、创伤大出血、休克等。

"拉起来就跑原则"，就是对一些在现场无法判断或正确判断需要较长时间，而伤情又十分危急者，无法采取措施或采取措施也无济于事的危重伤病者，急救人员不要在现场做不必要的处理，以免浪费过多时间。应以最快的速度拨打急救电话，将伤患者安全送至医院，并加强途中监护、输液、吸氧等治疗，并做好记录。

◇对获救伤员进行常规处置

防震减灾志愿者应该了解，不管接下来采取什么样的急救措施，首先都应对获救伤员进行常规处置。

（1）合理置放伤员体位

对于轻症或中重度伤员，在不影响紧急救治的情况下，应将其放置成舒适安全的体位，如头偏向一侧的平卧位（疑有颈椎骨折者，应使头、颈、躯干保持平直卧位），或取屈膝侧卧位。这种体位可使伤员以最大程度地放松，并保持气道通畅，保证其重要器官的血液循环。对胸背部直接遭受外部撞击伤，引起的胸腔压力突然增高，压迫心脏，导致心脏力量减弱，造成胸部血液回流困难而引起损伤性窒息的伤员，原则上宜取半卧位，以减少回心血流量，减轻心脏负荷，增加心肌收缩力。

（2）松解伤员衣物

在救援现场为便于抢救、观察及治疗，需适当地脱去伤员的某些衣物。去除衣物需掌握一定的技巧，避免因操作不当加重伤情。

①脱除头盔法。如伤员有头部创伤，且因头盔而妨碍呼吸时，应及时去除头盔。疑有颈椎创伤时，应十分慎重，必须与外科医生共同处理。如伤员无颅外伤且呼吸良好，去除头盔较为困难时，不主张强行去除。

为了去除头盔，可用力将头盔的边缘向外侧扩展，解除其夹持头部的压力后将头盔向后上方托起，即可去除。整个过程应稳妥，忌粗暴，以免加重伤情。

②脱上衣法。其脱衣顺序是先脱无伤侧，再脱伤侧。卧位病人脱衣应先解开衣扣，将衣服尽量向肩部方向推，背部衣服向上平拉，提起无伤侧手臂，使其屈曲，将肘关节和前臂及手从腋窝位拉出；将脱下的一侧衣袖打成圈状（衣扣包在里面），衣服从颈后平推至对侧，然后徐徐退下患侧衣袖。如伤员生命垂危、情况紧急或伤员衣服与创伤处的血凝块粘贴较紧，或伤员穿有套头式衣服较难脱去时，可直接使用剪刀剪开衣袖，为救援争取时间和减少意外创伤。

③脱长裤法。伤员呈平卧位，解开腰带及扣，从腰部将长裤退至髋下，保持双下肢平直，将长裤平拉脱出，不可随意抬高或屈曲双下肢。

④脱鞋袜法。托起并固定住踝部，以减少震动，解开鞋带，向下再向前顺脚型方向脱下鞋袜。

（3）进行常规处置

①在治疗之前，不要急于移动压在受害者身体上的物体。

②对伤员进行基本的检查与相应的处置，如：气道是否通畅、呼吸是否正常、血液循环情况、神经系统障碍等。

③保护伤员免遭其他的意外伤害。

④给伤员吸氧。

⑤固定伤员的头颈部、脊部及肢体。

⑥维持伤员体温稳定（保暖）。

⑦对伤员予以必要的防瓦砾、尘土的保护。

⑧监视伤员的心跳情况。

⑨配合营救人员将伤员救出，由合格的专业医疗急救人员提供必要的治疗。

⑩将伤员放置到背板或担架上，固定伤员，然后将伤员移出险境。注意每一步都要遵循正确的操作规程。

⑪与伤员进行适当的交流，可通过安抚减小其心理压力。

◇心肺复苏是志愿者必备的一项现场急救技能

2007年7月，某电视台记者与同事接到新闻线索，在黄河公路大桥西侧有一个13岁女孩溺水。当她们到达现场时，孩子已经被救上岸了放在地上，没有呼吸，也没有心跳，情况非常危急，拥有极强社会责任感的记者，毅然加入到抢救女孩的行列。由于她和周围的所有人一样都没有学过心肺复苏术，于是迅速拨通了当地120的急救电话，并请教心肺复苏的操作方法。虽然在120医师的指导下她努力去做了，但是由于宝贵的黄金时间没有抓住，加上不标准的手法、不正确的操作方式，最终没能留下这个年青的生命。

看来，学习一些心肺复苏方法和技能是非常有必要的。正如一位著名的医学专家所指出的："心肺复苏是患者见上帝的最后一道关了，希望我们把好这道关！"

近年来，仅美国和欧洲，每天平均就有 1000 位多呼吸、心搏骤停的患者被成功抢救。而这些不需要任何设备，在何时何地，仅仅依靠一双手，一双经过急救培训过的手就可以救人一命。

心肺复苏（Cardio Pulmonary Resuscitation，简称 CPR）是针对呼吸心跳停止的急危重症患者所采取的抢救关键措施，也就是先用人工的方法代替呼吸、循环系统的功能（采用人工呼吸代替自主呼吸，利用胸外按压形成暂时的人工循环），快速电除颤转复心室颤动，然后再进一步采取措施，重新恢复自主呼吸与循环，从而保证中枢神经系统的代谢活动，维持正常生理功能。

心肺复苏特别适合各种意外伤害导致的呼吸、心搏骤停以及各种急病或各种疾病的突发导致的呼吸、心搏骤停的现场急救。

现在，所有的学者基本都能认同这样一点：当人的生命受到威胁时抢救得越早，患者生还和康复的机会就越大。特别是对一些心搏呼吸骤停的患者，时间是患者的生命，早期有效的心肺复苏和电击除颤复律，能最大限度的保护人类的大脑功能，对于患者的整体康复起到了犹为重要的作用。

现代心肺复苏术从 20 世纪 60 年代初建立到现在已经走过了 50 多年的历程，一度被局限在医院里。但近 30 年来，尤其是近十几年来，经过不断完善，推广心肺复苏已在发达国家普及，走出了医院，来到了社会，被普通的民众所掌握。专家们认为，一个城市、地区心肺复苏术的普及率越高，往往表明该城市地区的文明程度越高。我国近年来，无论是医疗卫生部门还是社会团体都在积极推行心肺复苏术，取得了良好的效果，使不少垂危、濒死病人的生命被挽救回来。

对普通人来说，心肺复苏术只是一项急救技能，有了这一技能，就可以实现自己救助他人的伟大而崇高的人生价值。而事实效果也证明，心肺复苏术确实是危机关头挽救生命的重要手段之一（发达国家抢救成功率近74%）。

有关学者的研究表明：美国心搏骤停抢救成功率近30%；而我国不到1%。其原因有以下几方面：最初的目击者包括家属不懂急救方法；在呼叫救护车、等待救护人员到达之前，没有施救，而耽误了急救时间；最初的目击者做出了错误的紧急处理。

严酷的现实要求我们每个人——尤其是防震减灾志愿者都要尽量学习心肺复苏知识及操作技能。这是一项能在危急关头将处在死亡线上的亲人和乡邻拉回来的实用技能。

◇实施心肺复苏的基本方法和注意事项

心脏跳动停止者，如在4分钟内实施初步的心肺复苏术，在8分钟内转由专业人员进一步心脏救生，死而复生的可能性最大。因此，可以说时间就是生命，速度是关键。当然，前提是必须要掌握科学规范的施救步骤和方法。

（1）按DRABC进行心肺复苏

初步的心肺复苏术按DRABC进行——D（Dangerous）：检查现场是否安全；R（Response）：检查伤员情况（反应）；A（Airway）：保持呼吸顺畅；B（Breathing）：口对口人工呼吸；C（Circulation）：建立有效的人工循环。

①检查现场是否安全（D）。在发现伤员后，应先检查现场

是否安全。若安全，可当场进行急救；若不安全，须将伤员转移至安全处进行急救。

②检查伤员情况（R）。在安全的场地，应先检查伤员是否丧失意识、自主呼吸、心跳。检查意识的方法：轻拍重呼，轻拍伤员肩膀，大声呼喊伤员。检查呼吸方法：一听二看三感觉——将一只耳朵放在伤员口鼻附近，听伤员是否有呼吸声音，看伤员胸廓有无起伏，感觉脸颊附近是否有空气流动。

检查心跳，最简易、最可靠的方法是检查颈动脉。颈动脉在喉结下两厘米处。抢救者用2—3个手指放在患者气管与颈部肌肉间轻轻按压，时间不少于10秒。

③保持呼吸顺畅（A）。昏迷的病人常因舌后移而堵塞气道。所以，心肺复苏的首要步骤是畅通气道。急救者以一手置于患者额部，使头部后仰，并以另一手抬起后颈部或托起下颏，保持呼吸道通畅。对怀疑有颈部损伤者，只能托举下颏，而不能使头部后仰；若疑有气道异物，应从患者背部双手环抱于患者上腹部，用力、突击性挤压。

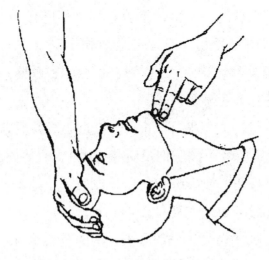

保持呼吸顺畅

④口对口人工呼吸（B）。在保持患者仰头抬颏前提下，施救者用一手捏闭患者的鼻孔（或口唇），然后深吸一大口气，迅速用力向患者口（或鼻）内吹气，然后放松鼻孔（或口唇），照此每5秒钟反复一次，直到恢复自主呼吸。每次吹气间隔1.5秒，在这个时间抢救者应自己深呼吸一次，以便继续口对口呼吸，直至专业抢救人员的到来。

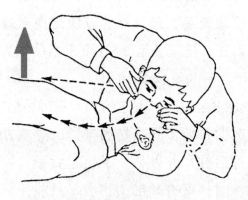

口对口呼吸

在口对口人工呼吸时，要用呼吸膜防止患者体内细菌传播。在没有呼吸膜保护的情况下，施救者可以不进行人工呼吸。

若伤员口中有异物，应使伤员面朝一侧（左右皆可），将异物取出。若异物过多，可进行口对鼻人工呼吸。即用口包住伤员鼻子，进行人工呼吸。

⑤建立有效的人工循环（C）。检查心脏是否跳动。如果患者停止心跳，抢救者应按压伤员胸骨下1/3处。如心脏不能复跳，就要通过胸外按压，使心脏和大血管血液产生流动。以维持心、脑等主要器官最低血液需要量。

急救员应跪在伤员躯干的一侧，两腿稍微分开，重心前移，之后选择胸外心脏按压部位：先以左手的中指、食指定出肋骨下缘，而后将右手掌掌跟放在胸骨下 1/3，再将左手放在右手上，十指交错，握紧右手。按压时不可屈肘。按压力量经手跟而向下，手指应抬离胸部。

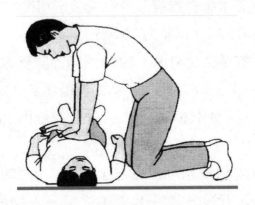

胸外心脏按压

胸外心脏按压方法：急救者两臂位于病人胸骨下 1/3 处，双肘关节伸直，利用上身重量垂直下压，对中等体重的成人下压深度应大于 5 厘米，而后迅速放松，解除压力，让胸廓自行复位。如此有节奏地反复进行，按压与放松时间大致相等，频率为每分钟不低于 100 次。

当只有一个急救者给病人进行心肺复苏术时，应是每做 30 次胸心脏按压，交替进行 2 次人工呼吸。

当有两个急救者给病人进行心肺复苏术时，首先两个人应呈对称位置，以便于互相交换。此时，一个人做胸外心脏按压，另一个人做人工呼吸。两人可以数着 1、2、3 进行配合，每按压心脏 30 次，口对口或口对鼻人工呼吸 2 次。

此外在进行心肺复苏前应先将伤员恢复仰卧姿势，恢复时应注意保护伤员的脊柱。先将伤员的两腿按仰卧姿势放好，再用一手托住伤员颈部，另一只手翻动伤员躯干。若伤员患有心脏疾病（非心血管疾病），不可进行胸外心脏按压。

（2）进行心肺复苏的注意事项

需要注意的是，2005 年底美国心脏学会（AHA）发布了较新版的心肺复苏术急救指南，与旧版指南相比，主要就是按压与呼吸的频次由 15 : 2 调整为 30 : 2；

在美国心脏学会（AHA）2010 国际心肺复苏术（CPR）和心血管急救（ECC）指南标准中，胸外按压频率由 2005 年的"100 次/分"改为"至少 100 次/分"；按压深度由 2005 年的"4—5 厘米"改为"至少 5 厘米"。

心肺复苏术的操作顺序也有了变化，由 2005 年的 A-B-C（旧），即：A 开放气道 → B 人工呼吸 → C 胸外按压。转为 2010 年的 C-A-B（新）即：C 胸外按压 → A 开放气道 → B 人工呼吸。

①进行心肺复苏的其他注意事项如下：

②胸外按压时最大限度地减少中断，按压后保证胸骨完全回弹。

③口对口吹气量不宜过大，一般不超过 1200 毫升，胸廓稍起伏即可。吹气时间不宜过长，过长会引起急性胃扩张、胃胀气和呕吐。吹气过程要注意观察患（伤）者气道是否通畅，胸廓是否被吹起。

④胸外心脏按压术只能在患（伤）者心脏停止跳动下才能施行。

⑤口对口吹气和胸外心脏按压应同时进行，严格按吹气和按压的比例操作，吹气和按压的次数过多和过少，都会影响复苏的成败。

⑥胸外心脏按压的位置必须准确。不准确容易损伤其他脏器。按压的力度要适宜，过大过猛容易使胸骨骨折，引起气胸

血胸；按压的力度过轻，胸腔压力小，不足以推动血液循环。

⑦施行心肺复苏术时应将患（伤）者的衣扣及裤带解松，以免引起内脏损伤。

（3）心肺复苏有效的体征和终止抢救的指征

首先应观察颈动脉搏动，如果有效，每次按压后就可触到一次搏动。若停止按压后搏动停止，表明应继续进行按压。如停止按压后搏动继续存在，说明病人自主心搏已恢复，可以停止胸外心脏按压。

若无自主呼吸，人工呼吸应继续进行，或自主呼吸很微弱时，仍应坚持人工呼吸。

复苏有效时，可见病人有眼球活动，口唇、甲床转红，甚至脚可动；观察瞳孔时，可由大变小，并有对光反射。

当有下列情况可考虑终止复苏：

①心肺复苏持续30分钟以上，仍无心搏及自主呼吸，现场又无进一步救治和送治条件，可考虑终止复苏。

②脑死亡，如深度昏迷，瞳孔固定、角膜反射消失，将病人头向两侧转动，眼球原来位置不变等，如无进一步救治和送治条件，现场可考虑停止复苏。

③当现场危险威胁到抢救人员安全（如雪崩、山洪暴发）以及医学专业人员认为病人死亡，无救治指征时。

学会心肺复苏术对于每个人都会很有用，生活中有很多意外，很难保证我们是时时安全的。为了能够在危急时刻挽救生命，建议大家一定要学会初步的心肺复苏方法。

◇根据出血的类型采取科学的止血方法

血液是人体重要的组成部分，成人的血液总量约占其人体重的 8%，少年儿童血液的总量可达体重的 9%。创伤一般都会引起出血。当失血量达到 20% 时，就会有明显的临床症状，如血压下降、休克等；失血量达到 30% 以上时，就有生命危险。因此，了解一定的常识，学会判断出血的类型和掌握基本的止血方法是非常重要的。

（1）了解常见的出血类型

出血按其出血部位可分为皮下出血、外出血和内出血三类。防震减灾志愿者经常要面对的各种灾害中发生的创伤，大多数是外出血和皮下出血。

皮下出血多发生在跌倒、挤压、挫伤的情况下，皮肤没有破损，仅仅是皮下软组织发生出血，形成血肿、瘀斑。这种出血，一般外用活血化瘀、消肿止痛药稍加处理，不久便可痊愈。

外出血是指皮肤损伤，血液从伤口流出。根据流出的血液颜色和出血状态，外出血可分为毛细血管出血、静脉出血和动脉出血三种。最常见的是毛细血管出血。毛细血管出血时，血液呈红色，像水珠样流出，一般都能自己凝固而止血，没有多大危险。静脉出血时，血色呈暗红色，连续不断均匀地从伤口流出，危险性不如动脉出血大。动脉出血时，血液呈鲜红色，从伤口呈喷射状或随心搏频率一股一股地冒出，这种出血的危险性大。

（2）掌握实用的指压止血方法

指压止血法指抢救者用手指把出血部位近端的动脉血管压在骨骼上，使血管闭塞，血流中断而达到止血目的。这是一种快速、有效的首选止血方法。采用此法救护人员需熟悉各部位血管出血的压迫点。此方法仅适用于急救，压迫时间不宜过长。

具体做法是：用拇指或拳头压在出血血管的上方，使血管被压闭合，以中断血液流动而止血。

常见的指压止血法有：

上肢指压止血法——此法用于手、前臂、肘部、上臂下段的动脉出血，主要压迫肱动脉。可用拇指或4指并拢，压迫上臂中部内侧的血管搏动处。

下肢指压止血法——此法用于脚、小腿或大腿动脉出血，主要压迫股动脉。可用双手拇指或拳头压迫大腿根部内侧的血管搏动处。

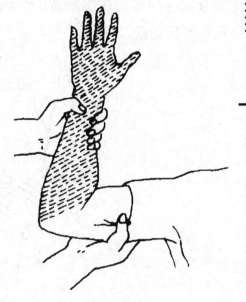

指压肱动脉

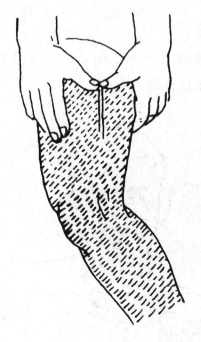

指压股动脉

　　脚部指压止血法——适用于一侧脚的大出血。用双手拇指和食指分别压迫伤脚足背中部搏动的胫前动脉及足跟与内踝之间的胫后动脉。

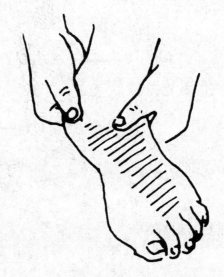

指压胫前、后动脉

　　肩部指压止血法——此法用于肩部或腋窝处的大出血，用手从锁骨上窝处压迫锁骨下动脉。

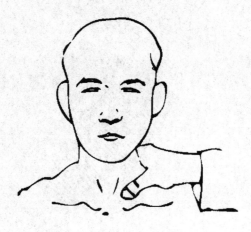

指压锁骨下动脉

214

面部指压止血法——此法用拇指压迫耳屏前的血管搏动处以止血。

颞部止血法——用拇指在耳前对着下颌关节上用力，可将颞动脉压住。

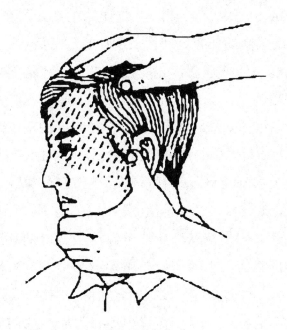

指压颞浅动脉

颈部止血法——在颈根部，气管外侧，摸到跳动的血管就是颈动脉，用大拇指放在跳动处向后，向内压下。

手掌手背止血法——一手压在腕关节内侧，通常摸脉搏处即桡动脉部，另一手压在腕关节外侧尺动脉处可止血。

手指止血法——用另一手的拇指和中指分别压住出血手指的两侧，可止血，不可压住手指的上下面。把自己的手指屈入掌内，形成紧握拳头式可以止血。

指压法只能作为应急处理，处理后应及时送医院或采取其他进一步措施。

◇外伤现场应急处理常用的包扎方法

包扎是外伤现场应急处理的重要措施之一。及时正确的包扎，可以达到压迫止血、减少感染、保护伤口、减少疼痛，以及固定敷料和夹板等目的。相反，错误的包扎可导致出血增加、加重感染、造成新的伤害、遗留后遗症等不良后果。

伤口经过清洁处理后，才能进行包扎。清洁伤口前，先让患者选择适当体位，以便救护人操作。如周围皮肤太脏并杂有泥土等，应先用清水洗净，然后再用75％的酒精消毒伤口周围的皮肤。消毒伤口周围的皮肤要由内往外，即由伤口边缘开始，逐渐向周围扩大消毒区。这样，越靠近伤口处越清洁。如用碘酒消毒伤口周围皮肤，必须再用酒精擦去，这种"脱碘"方法，是为了避免碘酒灼伤皮肤。应注意，这些消毒剂刺激性较强，不可直接涂抹在伤口上。伤口要用棉球蘸生理盐水轻轻擦洗。自制生理盐水，用1000毫升凉开水加食盐9克即成。

在清洁、消毒伤口时，伤口中如有大而易取的异物，可酌情取出。深而小又不易取出的异物，切勿勉强取出，以免把细菌带入伤口，或增加出血。如果有刺入体腔或血管附近的异物，切不可轻率地拔出，以免损伤血管或内脏大出血，引起危险。在这种情况下，现场不做处理反而相对安全。

伤口清洁后，可根据情况做不同处理。如系粘膜处小的伤口，可涂上碘伏或紫药水，也可撒上消炎粉，但是大面积创面不要涂撒上述药物。如遇到一些特殊严重的伤口，如内脏脱出时，不应送回，以免引起严重的感染或发生其他意外。

包扎时，要做到快、准、轻、牢。"快"即动作敏捷迅速；"准"即部位准确、严密；"轻"即动作轻柔，不要碰撞伤口；

"牢"即包扎牢靠，不可过紧，以免影响血液循环，也不能过松，以免纱布脱落。

包扎材料最常用的是卷轴绷带和三角巾，家庭中也可以用相应材料代替。

包扎伤口，不同部位有不同的方法，下面是几种常用的包扎方法：

（1）绷带环形法

这是绷带包扎法中最基本最常用的，一般小伤口清洁后的包扎都是用此法。它还适用于颈部、头部、腿部以及胸腹等处。

方法是：第一圈环绕稍作斜状，第二圈、第三圈作环形，并将第一圈斜出的一角压于环形圈内，这样固定更牢靠些。最后用医用胶布将尾固定，或将带尾剪开成两头打结。

（2）绷带蛇形法

多用在夹板的固定上。方法是：先将绷带环形法缠绕数匝固定，然后按绷带的宽度作间隔的斜上缠或斜下缠。

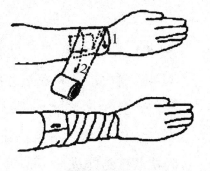

（3）绷带螺旋法

多用于粗细差不多的肢体包扎。方法是：先按环形法缠绕数圈

绷带蛇形法

固定，然后上缠每圈盖住前圈的三分之一或三分之二成螺旋形。

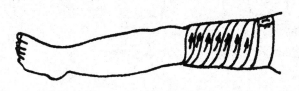

绷带螺旋法

（4）三角巾头部包扎

先把三角巾基底折叠放于前额，两边拉到脑后与基底先作一半结，然后绕至前额作结，固定。

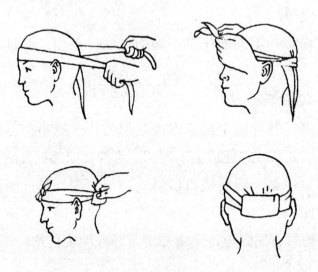

三角巾头部包扎法

（5）三角巾风帽式包扎

将三角巾顶角和底边各打一结，即成风帽状。

在包扎头面部时，将顶角结放于前额，底边结放在后脑勺下方，包住头部，两角往面部拉紧，向外反折包绕下颌，然后拉到枕后打结即成。

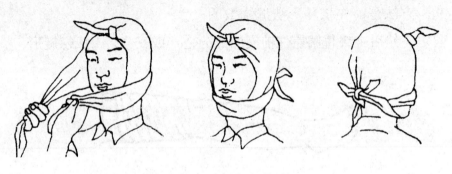

三角巾风帽式包扎法

（6）胸部包扎

如右胸受伤，将三角巾顶角放在右面肩上，将底边扯到背后在右面打结，然后再将右角拉到肩部，与顶角打结。

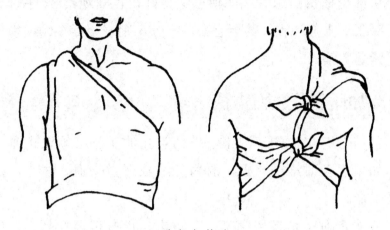

胸部包扎法

（7）背部包扎

与胸部包扎的方法一样，只是前后位置相反，结打在胸部。

（8）手足的包扎

将手、足放在三角巾上，顶角在前拉在手、足背上，然后将底边缠绕，打结固定。

（9）手臂的悬吊

如上肢骨折需要悬吊固定，可用三角巾吊臂。悬吊方法是：将患肢成屈肘状放在三角巾上，然后将底边一角绕过肩部，在背后打结即成悬臂状。

在外伤急救现场，不能只顾包扎表面看得到的伤口而忽略其他内在的损伤。同样是肢体上的伤口，有没有合并骨折，其包扎的方法就有所不同，有骨折时，包扎应考虑到骨折部位的正确固定；同样是躯体上的伤口，如果合并内部脏器的损伤，如肝破裂、腹腔内出血、血胸等，则应优先考虑内脏损伤的救治，不能在表面伤口的包扎上耽误时间；同样是头部的伤口，如合并了颅脑损伤，不是简单的包扎止血就完事了，还需要加强监护。对于头部受撞击的患者，即使自觉良好，也需观察 24 小时。如出现头胀、头痛加重，甚至恶心、呕吐，则表明存在颅内损伤，需要紧急救治。

◇加压包扎止血方法

在伤者有出血的情况下，外伤包扎的实施必须以止血为前提。如果不及时给予止血，就可能造成严重失血、休克，甚至危及生命。

包扎止血法是指用绷带、三角巾、止血带等物品，直接敷在伤口或结扎某一部位的处理措施。

对于表浅伤口出血或小血管和毛细血管出血，可粘贴创可贴止血：将自粘贴的一边先粘贴在伤口的一侧，然后向对侧拉紧粘贴另一侧。

更常用的方法是加压包扎止血。适用于全身各部位的小动脉、静脉、毛细血管出血。先用敷料或清洁的毛巾、绷带、三角巾等覆盖伤口。伤口覆盖无菌敷料后，再用纱布、棉花、毛巾、衣服等折叠成相应大小的垫，置于无菌敷料上面。然后再用绷带、三角巾等紧紧包扎，以停止出血为度。

这种方法用于小动脉以及静脉或毛细血管的出血。但伤口内有碎骨片时，禁用此法，以免加重损伤。

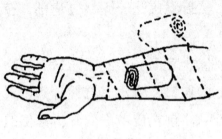

加压包扎

（1）加压包扎的方式

①直接加压法。通过直接压迫出血部位而止血。操作要点：伤员坐位或卧位，抬高患肢（骨折除外），用敷料覆盖伤口，覆料要超过伤口周边至少3厘米，如果敷料已被血液浸湿，再加上另一敷料。用手加压压迫，然后用绷带、三角巾包扎。

②间接加压法。伤口有异物的伤员，如扎入体内的剪刀、刀子、钢筋、玻璃片等，应先保留异物，并在伤口边缘固定异物，然后用绷带加压包扎。

（2）加压包扎的具体方法

①毛细血管出血止血法。毛细血管出血的表现是，血液从创面或创口四周渗出，出血量少、色红，找不到明显的出血点，危险性不大。这种出血常能自动停止。处理时通常用碘酊和酒精消毒伤口周围皮肤后，在伤口盖上消毒纱布或干净的手帕、布片，扎紧就可止血。

②静脉出血止血法。静脉出血的表现是，暗红色的血液缓慢不断地从伤口流出，其后由于局部血管收缩，血流逐渐减慢，这种出血的危险性也不大。止血与毛细血管出血基本相同。还可同进采取抬高患处以减少出血、加压包扎等方法加速止血。

③骨髓出血止血法。骨髓出血的表现是，血液颜色暗红，可伴有骨折碎片，血中浮有脂肪油滴。骨髓出血可用敷料或干净的多层手帕等填塞止血。

对于由动脉血管损伤引起的动脉出血和由静脉血管损伤引起的静脉出血，单纯的压迫包扎伤口，往往不能达到止血的目的。

动脉出血时，出血呈搏动性、喷射状，血液颜色鲜红，可在短时间内大量失血，造成生命危险；静脉出血时，出血缓缓不断外流，血液颜色紫红。这些可通过"指压"和"止血带"

等应急措施临时止血，再送医院或请救护人员前来救治。

◇如何安全合理地使用止血带

止血带止血法用于四肢较大血管出血，加压包扎的方法不能止血时。这种方法能有效地控制四肢的出血，但损伤较大，应用不当可致肢体坏死，因此应谨慎使用，当其他方法不能止血时才用。

在具体操作时，首先将伤肢抬高2分钟，使血液回流。可暂在拟上止血带位部垫上松软敷料或毛巾布料。止血带中以气袖带止血带最好，其次最常用的是橡皮管（带）和无制式止血带。

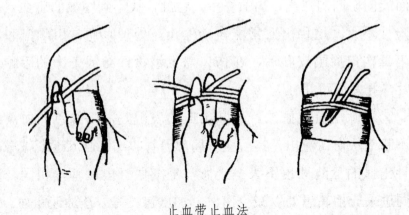

止血带止血法

（1）使用不同止血带的操作方法

在实际应用中，常用的止血带有橡皮止血带（橡皮条和橡皮带）、气压止血带（如血压计袖带）和布制止血带。其操作方法各有不同：

①橡皮止血带止血。左手在离带端约10厘米处由拇指、食指和中指紧握，使手背向下放在扎止血带的部位，右手持带中段绕伤肢一圈半，然后把带塞入左手的食指与中指之间，左手

的食指与中指紧夹一段止血带向下牵拉，使之成为一个活结，外观呈 A 字型。

②气压止血带止血。常用血压计袖带，操作方法比较简单，只要把袖带绕在扎止血带的部位，然后打气至伤口停止出血，一般压力表指针在 300 毫米汞柱（上肢）。为防止止血带松脱，上止血带后再缠绕绷带固定。

③表带式止血带。伤肢抬高，将止血带缠在肢体上，一端穿进扣环，并拉紧致伤口部停止出血为度。

④布制止血带。将三角巾折成带状或将其它布带绕伤肢一圈，打个蝴蝶结，取一根小棒穿在布带圈内，提起小棒拉紧，将小棒按顺时针方向拧紧，将小棒一端插入蝴蝶结环内，最后拉紧活结并与另一头打结固定。

（2）使用止血带的注意事项

①扎止血带时间越短越好，一般不超过 1 小时。如必须延长，则应每隔 50 分钟左右放松 3—5 分钟，在放松止血带期间需用指压法临时止血。

上止血带时应标记时间，因为上肢耐受缺血的时间是 1 个小时，下肢耐受缺血的时间是 1.5 小时。如果上止血带的时间过长，会造成肢体的缺血坏死，因此上止血带时应标记止血的起始时间。使用止血带的伤者优先护送及进一步处置。

②避免勒伤皮肤，用橡皮管（带）时应先垫上 1—2 层纱布。

③一般放止血带的部位：止血带应尽量靠近伤口。但在双骨部位（如前臂、小腿）不能使用止血带，应分别绑于上臂 1/2 处和大腿上 2/3 处，如果向下可能会损伤桡神经。前臂和小腿双骨部位不可扎止血带，因为血管在双骨中间通过，上止血带达不到压闭血管的目的，还会造成组织损伤。

④衬垫要平整垫好，防止局部压伤。

⑤缚扎止血带松紧度要适宜，以出血停止、远端摸不到动脉搏动为准。过松，达不到止血目的，且会增加出血量；过紧，易造成肢体肿胀和坏死。

⑥需要施行断肢（指）再植者不应使用止血带，如有动脉硬化症、糖尿病、慢性肾病等，其伤肢也须慎用止血带。

⑦止血带只是一种应急的措施，而不是最终的目的，因此上了止血带应尽快到医院急诊科处理，才不会出危险。

⑧在松止血带时，应缓慢松开，并观察是否还有出血，切忌突然完全松开。

⑨不可使用铁丝、绳索、电线等无弹性的物品充当止血带。

◇如何对骨折伤员进行安全快速的现场急救

骨折就是指由于外伤或病理等原因致使骨头或骨头的结构完全或部分断裂。常见为一个部位骨折，少数为多发性骨折。骨折后经及时恰当处理，多数人能恢复原来的功能。

识别骨折的方法很简单：一是受伤部位出现形态异常，如肢体缩短、扭转、弯曲等，或出现不正常的运动；二是骨折处疼痛、肿胀、淤血，受伤肢体不能活动；三是伤员活动时有时局部可听到骨头摩擦声。

上述情况都是骨折的典型特征。在此基础上，无皮肤破损者称为闭合性骨折；断骨的尖端穿出皮肤，或伤口使骨折处与外界相通者，称为开放性骨折。

为了最大限度地减轻伤害，骨折现场急救应遵循一定的原则。

骨折现场急救的首要原则是抢救生命。如发现伤员心跳、呼吸已经停止或濒于停止，应立即进行胸外心脏按压和人工呼吸；昏迷病人应保持其呼吸道通畅，及时清除其口咽部异物；处理其他危及生命的情况。

开放性骨折伤员伤口处可有大量出血，一般可用敷料加压包扎止血。严重出血者使用止血带止血，应记录开始的时间和所用的压力。立即用消毒纱布或干净布包扎伤口，以防伤口继续被污染。伤口表面的异物要取掉，若骨折端已戳出伤口并已污染，但未压迫血管神经，不应立即复位，以免污染深层组织。可待清创术后，再行复位。

固定是骨折急救处理时的重要措施，其主要目的是：避免骨折端在搬运过程中对周围重要组织，如血管、神经、内脏等损伤；减少骨折端的活动，减轻患者疼痛；便于运送。

骨折固定所用的夹板的长短、宽狭，应根据骨折部位的需要来决定。长度须超过折断的骨头。木棍、竹枝等夹板代用品在使用时，要包上棉花，布块等，以免夹伤皮肤。

发现骨折，先用手握住折骨两端，轻缓地顺着骨头牵拉，避免断端互相交叉，然后再上夹板。

一般说来，骨折固定要做超关节固定，即先固定骨折的两个断端，再固定其上下两个关节。

绑好夹板后，要注意是否牢固，松紧是否适宜。四肢固定要露出指趾尖，便于观察血液循环。如出现苍白、发凉、青紫、麻木等现象，说明固定太紧，应重新固定。

骨折现场急救时的固定是暂时的。因此，应力求简单而有效，不要求对骨

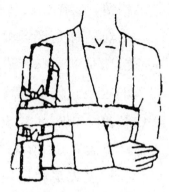

上肢骨折固定法

折准确复位，开放性骨折有骨端外露者更不宜复位，而应原位固定。急救现场可就地取材，如木棍、板条、树枝、手杖或硬纸板等都可作为固定器材，其长短以固定住骨折处上下两个关节为准。如找不到固定的硬物，也可用布带直接将伤肢绑在身上，骨折的上肢可固定在胸壁上，使前臂悬于胸前。骨折的下肢可同健肢固定在一起。

骨折后，强烈的疼痛刺激可引起休克，因此应给予必要的止痛药。这最好在医生的协助或指导下进行。

经以上现场救护后，应将伤员迅速、安全地转运到医院救治。转运途中要注意动作轻稳，防止震动和碰坏伤肢，以减少伤员的疼痛。

◇如何使用器材转移伤员

伤员转移是指在地震灾害应急救援中应急救援人员对受伤人员进行初步救助后将其从危险区域转移至安全区域或救治地点的行动，它贯穿整个救援过程。在救援时通常先对伤员进行初步检查，确认伤员意识是否清醒，检查受伤部位，检查呼吸心跳，视情况调整伤员姿势，进行简易处理，尔后根据伤员不同的伤情，实施伤员转移。

伤员转移是现场救援行动最后也是关键的一项工作，直接关系到伤员的安危和进一步治疗与康复效果，救援人员应给以足够的重视。伤员转移通常有两种方式：一是器材转移；二是徒手转移。在实际救援中防震减灾志愿者要灵活运用这些转移方法。下面先介绍器材转移。

在地震灾害救援现场，为了安全地把伤员从危险地带转移到救治地点，通常利用器材转移。器材转移适合长时间、长距离转移伤势严重的伤员，比如脑颅、颈椎、脊柱、胸腔、关节等部位受伤。最常用的转移器材是绳索和担架。

（1）利用绳索转移

这种方法的主要特点是易于操作，但不适合于伤势严重的伤员。利用绳索转移伤员通常分为绳索式背法和绳索式抱法。

绳索式背法通常用于单人长途搬运伤员。由于地震破坏的作用，废墟现场复杂多样，利用此法能够便于救援队员观察行走路径，还可简单清理路径上的障碍物。但此法不适于体重及体型较大的伤员。

绳索式背法的动作要领是：救援队员将伤员双手搭于自己肩上，使其胸部紧靠于自己的背部，用双手分开伤员两腿，再用绳索穿过伤员的腋下和背部，两绳端从队员的肩部通过，并在胸前交叉两次，然后队员将两绳端由内侧向外侧，在伤员大腿上缠绕一圈，并在自己腹前利用双平结，把两绳端连接在一起，抱住伤员两腿后，站起向前行进。

绳索式抱法也通常用于单人长途搬运伤员，但此法要求救援队员在能力范围内转运伤员。其特点是转运时间长，便于救援队员随时观察伤员的情况。

绳索式抱法的动作要领是：救援队员利用绳索制成一个绳圈，先套于伤员臀部，再斜套入自己的肩部，将伤员抱起行进。也可用将绳索制成三套腰结，先用两个绳圈套住伤员大腿，再用第三个绳圈斜套入队员的肩部，最后将伤员抱起行进。

（2）选择合适的担架转移

担架转移是最安全和最常用的伤员转移方法。基于伤员的伤情需要，担架的种类很多，如折叠式担架、板式担架、铲式担架、篮式担架、藤条担架和脊柱板等。

　　折叠式或棍式担架是最普通的担架，现场容易得到或临时制作、便于携带，有时还可作为病床使用。这类担架仅适用于地形平坦环境下平移伤员。

　　板式担架是板状的，担架体为刚性，其主要优点是对伤员身体下部具有保护作用；有许多把柄（手抓孔）有利于绳索固定伤员和搬运，成本低，适合伤员转移和某些技术救援要求。担架除在平滑和平坦的地面上移动外，有时候通过使用捆绑绳，可倾斜或垂直运输伤员。担架的脚蹬有利于防止担架在直立倾斜位置时伤员滑下。

　　篮式担架的早期型为管状铝框架结构外包金属网，而现代型为塑料、玻璃纤维或铝成型篮包在管状铝框架上。现代型比金属网型具有不易被绊住或穿透的优点。现代型篮式担架可被作为铲形担架或脊柱板使用，方便转移脊柱伤伤员。篮式担架舒适、轻便，对伤员提供较好的保护，是满足技术救援要求的理想担架。缺点是价格比其他类型担架贵。

　　包裹式担架的形状均具有可塑性，体积小、与伤员身体紧密接触的特点，适用于狭小空间或受限制的环境，可以任何方式运送伤员。缺点是成本较高，使用和监控较麻烦。

　　无论何种灾害都有可能发生担架不够用的情况。这时，救援人员可利用现场资源制备一些简易而有效的简易担架。比如，用门板、一张镀锌铁皮或床，就能较容易地制成临时担架。对于必须通过窄小的窗户、巷道等狭小洞口运输伤员时，常常需要很窄的担架，这时小型梯子或小型扩展梯子的一部分可十分方便地改做为担架。只需在梯子上放板材然后铺上毯子即可。需要注意的是，临时制备的担架仅适用于平坦的路面运送伤员，不宜用于技术救援。

（3）妥善地捆绑伤员

担架是转移伤员的重要工具之一。妥善地将伤员置放并捆绑在担架上，对保障安全搬运和转移伤员具有重要意义。

将伤员移放在担架上之前，应在担架上铺上毛毯，用于包裹伤员，这样能增加舒适性，保持伤员体温，并在很大程度上对骨折起到一定的固定作用。也可用棉被或被单代替毛毯。

将毛毯对角打开置于担架上，让毛毯的一个对角线位于担架中心线上，毛毯的两个角分别超出担架顶、底150毫米左右。所有担架转移伤员，都应采用毛毯包裹。

在尽可能不改变伤员体位的情况下，将伤员平移到担架上。通常伤员上担架需要4名救援人员，1人指挥，其余3人单膝跪在伤员一侧（伤员背朝下平躺状态），用他们的膝部紧贴伤员身体，并将手和臂插入伤员身下，通常位于伤员的肩部、背部、大腿、膝部和小腿。指挥人员跪在伤员头部前面，托着伤员的脖子。指挥发布准备指令"准备抬起"，如没人提出异议，在统一指令下，4人一起将伤员抬起；如有必要，伤员可在救援人员的膝上缓冲一下，然后将伤员置于担架正上方。最后，指挥人员发出"放下伤员"的指令后，4人将伤员轻轻放在担架上。

担架搬运时，伤员的头部与担架前进方向相反，足部朝前，以便于抬担架者可随时观察伤员情况。

抬担架的人脚步要协调，前者迈左脚，后者迈右脚，平稳前进。上坡时（过桥、上梯），前面要放低，后面要抬高，下台阶时则相反，使担架始终保持在水平状态。

在转移伤员过程中，尤其是从高处向下或在崎岖不平的地面（如碎石、狭小空间）上运送过程中，为避免伤员从担架上滑落或受到其他伤害，必须将伤员捆绑在担架上。捆绑伤员的绳索宜采用合成纤维绳或带，捆绑部位通常为伤员的头部（与担架顶平齐）、四肢和躯干。

◇如何临时徒手转移伤员

在地震灾害救援现场，因废墟结构不稳或余震频繁发生，救援队员应立即将伤员转移出危险区。但是经常来不及准备救护装备器材，对于伤情不严重的伤员，通常采用徒手将伤员迅速转移。当然，如条件允许，对重伤员应尽量采用担架救援技术。

徒手转移伤员通常分为单人徒手转移和双人徒手转移等方式。

（1）单人徒手转移

①搀扶伤员。该方法的前提是伤员必须有知觉，能给救助者一些配合。

首先将伤员受伤的一侧紧贴着救助者。伤员的一只胳膊搭在救助者的脖子上，救助者一只手握住伤员从自己脖子后面绕过的手腕，另一只手牢牢抓住伤员另一侧腰部衣服。通过两人一起行走，将伤员转移到安全地带。

②背负伤员。伤员必须有知觉，没有严重骨折，才能采用这种方法。

将伤员扶起站立，救助者转身背对伤员，将伤员的胳膊搭过救助者的肩膀并在胸前交叉，保持伤员

搀扶伤员

的胳膊伸直，其腋窝位于救助者的肩膀上，救助者握住伤员的手腕，屈身并将其置于自己的背上，然后身体前倾，背起伤员，行走转移伤员。

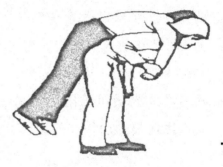

背负伤员

③楼梯上拖运伤员。当救助者不能采用捆绑或其他方法救助伤员时，如果楼梯无障碍，可采用楼梯拖动伤员方法转移苏醒的重伤员。

具体方法是，伤员平躺，用三角绷带或类似带子将其手腕系在一起。使伤员的头部朝向下楼的方向，救助者站在伤员头部一侧，抱起伤员成坐姿。救助者小臂从伤员胳膊下伸出，用手抓住伤员手腕，然后向后拖拽伤员。如果楼梯台阶跨度大，救助者应用自己的膝盖支撑伤员的后背，以连续向下拖动。

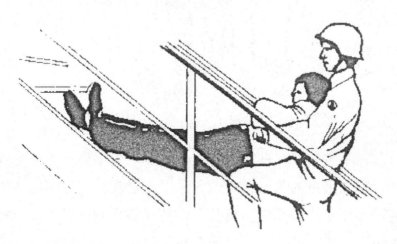

楼梯上拖运伤员

（2）双人徒手转移

①两人支撑搀扶。两名救助人员分别位于伤员两侧，每人

231

都如同一名救助者搀扶伤员的方式，将伤员胳膊搭在自己的肩上，两名救助人员将彼此相对的一支胳膊在伤员背后相互交叉，并用手抓住伤员的衣服，另一只手抓住伤员的手腕。必要时，两名救助人员可腾出一只手，用来开门或移开路上的障碍物，或支撑伤员的后边或前边。

两人支撑搀扶

②双手坐抬法。是在伤者意识清醒，但不能行走或支撑上身时，所能采用的另一种搬运方法。两名救助者分别跪在伤员两侧，各伸出一只手在伤员膝下，相互握住对方手腕，形成一个"座"。救助者的另一只手在伤员背后交叉，并牢牢抓住伤员的衣服或交叉握住对方的手腕支撑伤员的后背，伤者双臂分别抱在两名救助者的脖子上。由一人下达标准口令"抬起"或"放下"。

③四手坐抬法。这种方法适用于搬运意识清醒、能控制平衡、可以使用双手与手臂支撑身体的伤者。救助者手背朝上，右手握住自己的左手腕，左手相互握住对方的右手腕，形成一个"座位"，伤者双臂分别抱在两名救助者的脖子上。

四手坐抬法

④一前一后抬运法。这是两名救助者徒手转移伤员的最好方法。具体操作步骤是：将伤员置坐姿，第一名救助者站在伤员背后弯下身，两手从伤员的两臂下向前伸出，并握住伤员的手腕。第二名救助者站在伤员两腿之间，弯下身，握住伤员膝下的腿弯。由一人发布"抬起"命令后，两人同时抬起伤员，成为运移状态。

如果伤员一只腿受伤，前面的救助者可将伤员的腿交叉，使腿偏向一侧，可最大限度地减轻对受伤腿的影响。同时，救助者可一只手支撑伤员，腾出另一只手去开门，扫清瓦砾等。

一前一后抬运法

◇志愿者应急时为灾后幸存者提供心理援助和心理干预

国内外的有关研究和临床经验证明：在地震后不同的时间

阶段救援的重点不同。地震后第1周救人是重点；头3个月内救灾、安顿和心理安慰是重点。灾害紧急救援阶段结束后，灾民的心理问题开始逐步凸显出来。心理问题和疾病将会在地震3个月后逐渐显现和增加，在特别的节日，如中秋、春节、清明、周年祭等，自杀的几率会增加。地震带来的心理创伤在不同的人群中以不同的形式持续存在多年。

我国台湾地区"9·21"大地震的生还者在地震第3年，自杀倾向是地震刚发生后的近3倍，药物滥用状况是刚发生地震灾后的近2.5倍。

回顾唐山大地震，灾后余生的人出现了创伤后应激性障碍，这长期影响了他们的身心健康。他们中患神经症、焦虑症、恐惧症的比例高于正常的调查数据，有的高于正常值3到5倍。很多人失眠多梦，情绪不稳定，紧张焦虑等。

在汶川大地震后的调查结果显示，灾区的成年人具有强烈的压力感，也有一部分人具有较强的忧郁哀伤情绪。其中，自己和亲人都受伤的成年灾区居民以及失去亲人的成年灾区居民具有更为严重的"创伤后应激性障碍"。

长期以来，我们对于救灾的理解一般停留在物质层面上，无论是开展生产自救、以工代赈，还是国家划拨救灾款，其本质都是物质救灾，忽视了对于灾民的心理辅导。对于政府来说，灾害发生后，帮助灾民重建家园，保障灾民的基本生活才是最主要的。但是事实上，心理影响相对于物质破坏来说是一种更难以治愈的损伤，它关系到人们对于抗灾救灾的态度，关系到灾后重建的速度和效果，甚至影响到灾区儿童的成长。在突如其来的巨大灾难发生后，几乎每个人都会出现诸如抑郁、焦虑、自责、内疚、愤怒等心理反应，相继会出现入睡困难、噩梦不断等睡眠问题，其中部分人可能会在一年内自愈，但也有相当的人群进入慢性状态，甚至终生与痛苦相伴，严重影响其生活质量和社会功能。

有学者指出，大灾难引起一系列心理反应。如果过于强烈或持续存在，就可能导致精神疾患。重大灾害后精神障碍的发生率为10%—20%，一般性心理应激障碍更为普遍。

同时，安抚和干预受灾人群心理的工作，可以为传统意义上的灾后重建赋予新的人性化的意义，更好地体现"以人为本"的宗旨。从关心受灾群众的物质生活到关注他们的精神世界，这不能不说是救灾理念的一种进步。而现实是，每次指挥灾后救援工作的主要内容是捐款捐物，忽视对受灾群众心理的安慰和辅导，心理应急救援没有列入救灾范围。目前发达国家和地区都有这方面的立法，美国的《灾害救助法》规定："总统有权命令州或地方机构或者私营精神健康组织提供专业的咨询服务，其中包括财政上的支持，以便于这些机构对灾害救助人员进行培训，使其能够避免公众因受灾害影响而产生或加重的精神问题"。

有些国家还建有反应迅速的心理干预专业队伍，而中国是少数没有为灾害心理援助立法的国家之一，没有从法律上确定心理干预在救灾工作中的必要性。

中国当前的灾害心理干预大多是出现问题后的被动参与，缺乏主动的心理干预，其关键的问题是没有把"心理救灾"纳入救灾预警机制，也没有把灾害造成的心理损伤纳入灾害损失评估体系，导致"心理救灾"与"物质救灾"不能同步进行。

就像地震灾害对幸存者身体、财产、生存环境的破坏需要外部力量和资源救援一样，幸存者遭受巨大心灵的创伤也同样需要社会的、专业的援助和干预才能渡过危机，走向新的希望，才能重建心灵和生活的家园。

灾难发生后，有组织、有计划地为幸存者提供心理援助和心理干预是非常有必要和有意义的救援策略之一。

地震发生后最初的几天到几十天之间的灾难紧急救援，是以物资救援和躯体医疗救援为主，主要的救援任务和目的，是把埋在倒塌废墟中还活着的人救出来，让这些幸存者到达安全的避难所，并提供充足的食物、水、保暖、药物和医疗救治，让他们尽可能存活下来。

在很多情况下，对地震灾害幸存者进行的援助计划的时限比我们通常所预期的时间要长，这和灾区当地的地形、地理条件、地震破坏的严重程度、气候条件、国家经济条件有关系。当救援指挥机构意识到有相当比例的幸存者由于各种原因陷入食不果腹、衣不遮体、无家可归的困境时，救援的主要内容就应当是以帮助他们建立和寻找避难所，为他们提供真实的救援进展信息为主，这样可以降低幸存者对灾难的恐惧和对生存的恐惧感。

紧急心理救援也应该在这个阶段实施，这个阶段的紧急心理救援主要分两个部分进行。一部分是靠在地震灾害现场的救援人员在进行生命救援过程中把紧急心理救援的元素体现出来，比如救援人员的内心镇定、情绪平稳、有爱心、有礼貌、尽量让被困在废墟中的幸存者知道和了解救援的情况和进展，救援人员在和幸存者躯体接触的时候要让幸存者感觉到温暖、感觉到安全、感觉到有希望等，这样我们就把心理救援在最早期送达幸存者。

另一部分紧急心理救援，是在避难所中进行，实施的人员包括志愿者、医生和社会工作者、心理工作者、精神卫生工作人员等。这一部分的紧急心理救援的任务和目的，是保证幸存者的安全、保证存活、提供各种支持。包括评估和设法满足幸存者的需要。方式主要以敏感的非语言陪伴为主，可以抚摸、倾听，提供和满足幸存者的生理和心理需要。要给幸存者一个自己调动自己内心修复能力的机会，而不要过多和幸存者交谈。可以安排幸存者和他的亲人在一起，为幸存者提供救援信息、提供亲人的信息、帮助他们和外界的亲人朋友联络。

在这一阶段，药物不是缓解心理痛苦的首要办法。紧急救援人员要在救援行动中把生存的希望、信心、安全感传递给幸存者，让他们知道全国人民、全世界人民都在关注他们的生命安全，他们不是孤立无助的、一切都是有希望的，而且重新生活的希望正在许多人的帮助下一步一步地走来。

当然，现场紧急救援人员如何把紧急心理救援带给幸存者，这是要在地震没有发生时对他们进行培训和演练，或在进入救援现场前进行有目的、有组织的系统培训，才能保证紧急心理救援的有效性。在平时，防震减灾志愿者接受这方面的培训也是非常有必要的。

◇如何进行地震后急性期的心理干预

地震后急性期的心理干预是指在紧急心理救援之后，在幸存者到达避难所，基本生命生存有所保障以后，进行大约几个月或数个月的心理干预。这个时期幸存者的主要问题是，处于心理危机状态，地震这一极大的灾难给他们的心灵带来了前所未有过的重大创伤，他们的信念、情绪和行为都会发生巨大的改变，而且许多心理病理性的变化也逐渐表现出来。

这一阶段的心理干预的任务和目的是减轻幸存者心理危机

的程度，评估幸存者的心理状态、识别和鉴别那些需要进一步专业心理干预的幸存者，帮助幸存者处理居丧反应，帮助幸存者配合政府的紧急救援时期的部署，逐步恢复幸存者的生存能力，帮助幸存者适应新的灾后环境和生活。

这个阶段幸存者常表现出来的心理反应为创伤性记忆在头脑中的不断闪回。有关地震当时情景的场面、声音、气味、内心的感受、躯体的感受等的记忆画面和感受，常常会在幸存者的脑子里一遍又一遍地闯入浮现、挥之不去、驱之不尽，非常痛苦。慢慢地，幸存者逐渐丧失了对焦虑和痛苦的感知，精神变得麻木，行为变得退缩，不愿意与别人交往，对未来失去了希望等。

这一阶段的心理干预工作可以在避难所、幸存者家里、和幸存者的聚集地由包括志愿者在内的社会工作者和心理卫生工作者进行。心理干预的形式可以是一对一的谈话、小组谈话、远程电话或网络视频的谈话等。让幸存者能够在一个安全的环境中身心得到疗养，尽快从灾难带来的创伤性记忆、空想、恐惧和悲痛中解脱出来。

心理干预的要点主要是鼓励幸存者谈出他们对灾难的感受、想法，帮助他们正确表达、理解灾难所带来的应激反应、睡眠障碍以及思维困难和悲伤反应。对他们的家庭和重要人际交往进行支持和鼓励，可以阻止幸存者在以后发生进一步的社会功能减退。比如，针对学生、家长、教师、及学校管理人员进行的学校教育和心理干预计划，通过学校和孩子将更多的人联系在一起，提供更多的机会，使他们成为一个有机的核心互助群体。

防震减灾志愿者根据自己平时培训所掌握的心理学常识，可以参与对他们开展非常有效的精神障碍预防和应对措施方面的健康宣教。强化和鼓励督促他们与他人互相倾诉、帮助他们寻找和利用各种社会资源、寻求心理上的安慰和支持，正常化幸存者在灾难后出现的各种心理、躯体和行为反应，帮助他们尽快回到稳定平和的状态和保持良好的社会功能。

既往患有精神疾病的幸存者和那些在地震中失去了家园、亲人而变得无家可归的人们，会在漫长的等待政府重建计划中逐渐变得消沉、抑郁、绝望。通常在这些人中出现可明确诊断为病理症状的可能性明显增高，需引起提供心理干预的人员的特别重视。所以，在提供心理干预的过程中非常重要的一点是，心理干预人员要不断评估幸存者的心理和精神状态，评估他们的心理压力和心理病理反应程度、评估幸存者的自杀危险性和危险因素，及时识别那些出现严重心理病理反应和有严重自杀意念及行为的幸存者，及时转诊他们到更高一级别精神卫生和心理救援机构，进行更加专业的心理帮助和药物治疗。

在具体的心理干预实施中，参与心理干预的志愿者要考虑到幸存者的年龄、性别、文化背景的差异，这些差异会导致在不同文化背景、不同传统、不同信仰地区的儿童、成人和老人的地震后的心理反应有所不同。因此，要成功地进行灾后心理干预，所采取的措施也应各不相同。在平时，防震减灾志愿者应尽量多接受这些方面的专业培训，以便在需要的时候充分发挥自己的作用。